普通高等教育"十二五"规划教材

大学物理实验

主　编　秦永平　李　忠

副主编　程彦明　张志颖　白端元

主　审　桑兰芬

中国水利水电出版社
www.waterpub.com.cn

内 容 提 要

本书依据教学大纲的要求，编写了 26 个预备、基础、综合、设计性实验。绪论部分内容主要讲解做物理实验需要具备的基础知识。26 个实验题目中实验一为预备性实验，实验十三为设计性实验，实验十二为综合性实验，其余为基础性实验。

本书实验涉及到光、电部分的多一些，其他的少一些，最多可为学生开设 70 学时的实验，每个实验约 2.5 学时。

本书可作为高等院校理工类学生物理实验课程的教材或参考书。

图书在版编目（ＣＩＰ）数据

大学物理实验 / 秦永平，李忠主编. -- 北京 : 中国水利水电出版社，2013.2
普通高等教育"十二五"规划教材
ISBN 978-7-5170-0588-9

Ⅰ. ①大… Ⅱ. ①秦… ②李… Ⅲ. ①物理学－实验－高等学校－教材 Ⅳ. ①O4-33

中国版本图书馆CIP数据核字(2013)第011986号

策划编辑：石永峰　责任编辑：李　炎　加工编辑：郭　赏　封面设计：李　佳

书　　名	普通高等教育"十二五"规划教材 **大学物理实验**
作　　者	主　编　秦永平　李　忠 副主编　程彦明　张志颖　白端元 主　审　桑兰芬
出版发行	中国水利水电出版社 （北京市海淀区玉渊潭南路 1 号 D 座　100038） 网址：www.waterpub.com.cn E-mail: mchannel@263.net（万水）　　　　sales@waterpub.com.cn 电话：（010）68367658（发行部）、82562819（万水）
经　　售	北京科水图书销售中心（零售） 电话：（010）88383994、63202643、68545874 全国各地新华书店和相关出版物销售网点
排　　版	北京万水电子信息有限公司
印　　刷	三河市铭浩彩色印装有限公司
规　　格	170mm×227mm　16 开本　10.25 印张　212 千字
版　　次	2013 年 2 月第 1 版　2013 年 2 月第 1 次印刷
印　　数	0001—3000 册
定　　价	20.00 元

前　　言

本书根据高等理工科院校物理实验教学的基本要求，结合多年大学物理实验教学经验，在使用多年的实验教材基础上加以整理，充实编写而成。

在本书编写的过程中，注重对学生的基本训练，加强学生操作和问题分析能力的培养。在每个实验后面都附有相应的实验表格，让学生对实验数据的采集更有针对性和统一性。

本书中共收录编写了 26 个实验题目，其中以光学、电学方面实验为主，其他方面实验为辅，理论由浅到深，操作由简单到复杂。这 26 个实验总学时约 70 学时，主要分为四大部分：实验一为预备性实验，实验十三为设计性实验，实验十二为综合性实验，其余为基础性实验。

参加本书编写工作的有秦永平、李忠、程彦明、张志颖、白端元等同志，本书初稿的校订工作由长春理工大学的桑兰芬教授完成，且编写过程中得到长春理工大学光电信息学院教务处、基础教学部领导以及大学物理教研室全体教师的大力支持，在此表示衷心感谢。

编写本书时参考了冯秀琴主编的《大学物理实验》中的部分实验内容，以及阎一功主编的《大学物理实验》等有关书籍和文章。

由于编者水平和经验有限，有不妥之处，敬请指正。

编者

2012 年 10 月

目　　录

绪　论

0.1　引言

物理学是一门实验科学。实验就是用人为的方法让自然再现,从而加以观察和研究。实验是人们认识自然、改造客观世界的基本手段。物理学新概念的确立和新规律的发现要依赖于反复实践。物理学上新的突破常常是通过新的实验技术的发展,从而促进科学技术的革命,形成新的生产力。物理实验是科学理论的源泉,是工程技术的基础。物理实验的方法、思想、仪器和技术已经被普遍地应用在各种科学领域和技术部门。实验是理论应用的桥梁,任何一门科学的发展都离不开实验,著名物理学家杨振宁曾经说过:"物理学是以实验为本的科学"。这充分说明物理实验的重要性。

物理实验课是对学生进行实验教育的入门课,在学习物理实验基础知识的同时,着重培养学生初步的实验能力、良好的实验习惯和严格的科学作风。大学物理实验课是高等工科院校一门必修的基础课程。

实验课虽然是在教师指导下的学习环节,但在实验课上学生的活动有较大的独立性,可以充分地调动学生的学习积极性,充分发挥学生的想象力和创造力,实验课为培养实用型人才打下良好的基础。

大学物理实验课使学生接受一系列科学实验训练,学习物理实验知识及基本方法;了解科学实验的主要过程与基本技能;学会用实验的方法研究和解决问题。大学物理实验课其主要任务有:

（1）通过对实验现象的观察、分析和对物理量的测量,加深对物理学原理的理解。

（2）注重培养学生的基本技能。

自学能力:能够自行阅读教材和有关的资料,做好实验前的预习。

动手能力:能够借助教材或仪器说明书正确使用常用仪器,按线路图正确连接线路,实验完毕按顺序整理好仪器。

分析解决问题的能力:能够运用所学的理论对实验中出现的现象进行初步的分析判断,对于正确的加以肯定并继续进行,对于错误的找出原因并考虑解决问题的方法。

表达能力:能够正确记录和处理实验数据、绘制曲线、说明实验结果以及写出合格的实验报告。

设计能力:能够完成简单的设计性实验。

（3）使学生在运用所学的理论知识、实验方法和实验技能解决具体问题方面得到必要的基本的训练。

大学物理实验课分三个主要阶段：课前预习、课堂操作、课后实验数据的处理。

1. 实验课前的预习

实验课前必须认真阅读教材中的有关实验题目，了解本次实验的目的和内容、依据的基本原理、使用的仪器设备、操作的基本方法和注意事项，要测量哪些量，怎样测量，具体步骤是什么，并写好预习报告。

写预习报告时要用统一规格的实验报告纸，其主要内容如下：

①实验名称；②实验目的；③使用的主要仪器和设备；④实验原理及原理图；⑤实验的主要内容、步骤及注意事项；⑥画好数据记录表格。

2. 进行实验

（1）进入实验室要保持安静，不要乱动仪器。教师对学生的预习情况进行检查，并对一些普遍性、关键性的问题和同学共同讨论，以便顺利进行实验。

（2）须经教师许可后方可调试安装仪器，电学实验未经教师检查线路不得接通电源，以免因接错电路而造成仪器的损坏。

（3）认真进行实验，测量得到的数据直接记录到数据表格内，不得随意涂改。

（4）测量完毕，须经教师检查数据和仪器，签字后方可拆除实验装置，并将仪器恢复原位后再离开实验室。

3. 处理实验数据，总结实验结果

实验课结束后，根据实验要求完成实验数据的处理。在计算间接测量量时，必须先写出计算公式，再代入数值，最后得到结果并注明单位。实验报告是实验工作的全面总结，要用简明的形式将实验结果完整而又真实地表达出来。写报告时，要求文字通顺，字迹端正工整，图表规范，结果正确，讨论认真。

0.2　测　量

进行物理实验除了要观察实验现象以外，还要对某些物理量进行定量测量。所谓测量就是将待测的物理量与相应的同类标准计量单位进行比较，其倍数即为测量值，连同计量单位构成测量结果。例如：用米尺测量单摆的摆长，经比较得到摆长是 1 米的 1.074 倍，1.074 是测得值，米是单位，合起来构成测量结果，即摆长为 1.074 米。

● 根据测量方法，测量可分为直接测量、间接测量和组合测量。

（1）直接测量就是指可以用仪器、仪表直接测得被测量数值的测量，例如：用游标卡尺测圆形物体的直径；用物理天平称量物体的质量；用电压表测电压等。

（2）间接测量是指通过直接测量借助函数关系计算出待测量数值的测量。例如：待测量为物体的密度，需测量出物体的质量 m 和体积 V，由密度公式 $\rho = m/V$ 算出物体密度，这种测量就是间接测量。

（3）组合测量是指为了找出两个物理量之间在某一区间的函数关系，而在该区间对这两个量进行的逐点测量。如某元件的伏安特性，是通过在一定范围内，测量不同电压 V 下所产生的电流 I 而得出的。

● 根据测量条件变化与否，可把测量分成等精度测量和不等精度测量。

（1）等精度测量是指在测量条件相同的情况下进行的一系列测量，即同一个人在同样的环境条件下在同一仪器上，采用同样的测量方法对同一物理量进行的多次测量。

（2）不等精度测量是指对同一物理量进行多次测量时改变测量条件，如更换仪器型号、改变测量方法、更换测量人员等，在测量条件变更前后，测量结果的可靠程度不等，这样的测量叫不等精度测量。

测量仪器是指用以直接或间接测出被测对象量值的所有器具，如电压表、天平、电位差计、惠斯登电桥、照度计等。

测量结果给出被测量的量值，包括数值和单位两部分，实际上仪器在测量中是单位的实物体现。

一个国家最准确的计量器具是一些主基准，在全国各地则有由主基准校准过的工作基准，实验室使用的仪器已直接或间接由工作基准进行过校准。

测量是以仪器为标准进行比较，所以要求仪器准确。仪器的准确程度由仪器准确度等级来描述。由于测量目的的不同，对仪器准确程度的要求也不同，例如：称量金饰品的天平必须准确到 0.001g，而卖货的台称差几克则无关紧要。为了适应各种测量对仪器的准确程度的不同要求，国家规定工厂生产的仪器分为若干准确度等级，各类各等级的仪器又有对准确度的具体规定，例如，2 级螺旋测微计测量范围大于 10mm 且小于 50mm 的最大误差不超过 ±0.013mm，1.0 级的电流表测量范围为 50mA 的最大误差不超过 ±0.5mA。

实验时要恰当选取仪器，仪器选取不当对仪器和实验均不利。表示仪器的性能有许多指标，最基本的是测量范围和准确度等级。当被测量超过仪器的测量范围时，首先会对仪器造成损伤，其次可能会测不出量值（如电流表、电压表）或勉强测出量值（如天平）但误差增大。对仪器的准确度等级的选择也要适当，一般是在满足测量要求的条件下，尽量选用准确度低的仪器，减少准确度高的仪器的使用次数，可以减少在反复使用时的损耗，以便延长使用寿命。

0.3　真值和误差

1. 测量与误差

每一个物理量都是客观地存在着，在一定条件下有其不依人的意志而变化的固定大小，这个客观存在的固定大小的值叫真值。由于测量总是依据一定的理论或方法，使用一定的仪器，由一定的人进行，由于理论的近似性，仪器的灵敏度及环境因素的影响，使得测量值与真值之间总存在着差异，测量值 x 与真值 x_0 的差为测得值的绝对误差 ε，即：

$$测量值（x）-真值（x_0）=绝对误差（\Delta x） \tag{0-3-1}$$

绝对误差 Δx 是一个代数值，当 $x \geqslant x_0$ 时，$\Delta x \geqslant 0$；当 $x < x_0$ 时，$\Delta x < 0$，由于客观条件、人的认识的局限性，测量不可能获得待测量的真值。因此实际测量中常用被测量经修正过的算术平均值来代替真值。设某物理量真值为 x_0，进行 n 次等精度测量，测量值分别为 x_1、x_2、x_3、……、x_n，它们的误差为

$$\Delta x_1 = x_1 - x_0$$
$$\Delta x_2 = x_2 - x_0$$
$$……$$
$$\Delta x_n = x_n - x_0$$

求和后
$$\sum_{i=1}^{n} \Delta x_i = \sum_{i=1}^{n} x_i - nx_0 \tag{0-3-2}$$

其算术平均值
$$\frac{1}{n}\sum_{i=1}^{n} \Delta x_i = \frac{1}{n}\sum_{i=1}^{n} x_i - x_0 \tag{0-3-3}$$

当测量次数 $n \to \infty$，可以证明 $\frac{1}{n}\sum_{i=1}^{n} \Delta x_i \to 0$，而且 $\frac{1}{n}\sum_{i=1}^{n} x_i = \bar{x}$ 是 x_0 的最佳估计值。亦称 $\bar{x}$ 为近真值。测量值与近真值的差值为偏差，即 $\Delta x_i = x_i - \bar{x}$。

评价一个测量结果的准确程度不仅要看绝对误差的绝对大小，还要看它与测量值的相对比例。绝对误差与真值之比的百分数叫相对误差。用 E 表示：

$$E = \frac{\Delta x}{x_0} \times 100\% \tag{0-3-4}$$

由于客观条件所限，不可能测得待测量的真值，只能得到近似值。所以在计算相对误差时常用 $\bar{x}$ 来代替 x_0。$\bar{x}$ 可能是公认值，或高一级精密仪器的测量值，或测量值的平均值。相对误差用来表示测量的相对精度。

由于真值是不确知的，所以测量值的误差也是不确知的。在此情况下，测量的任务是：

（1）给出被测量的最佳估计值。

（2）给出真值的最佳估计值的可靠程度的估计。

为了减少或消除某些误差，就要充分地认识产生各种误差可能的一些来源以及表现出来的性质，因此有必要对误差进行分类，通常把误差分为系统误差、随机误差和粗大误差。因粗大误差明显地偏离测量结果，容易被发现，以下主要讨论系统误差和随机误差。

2. 系统误差

系统误差的主要特征是具有确定性。在同一条件下进行多次测量时，误差的大小、正负保持不变或在条件改变时，误差的大小和方向按一定规律变化。

系统误差的来源可概括为以下四个方面：

（1）仪器误差：由于测量仪器或工具本身的缺陷所产生的误差，例如：天平

不等臂带来的误差。

（2）理论、方法误差：由于实验条件达不到规定的要求或测量方法不够完善，理论、方法的近似而导致的误差，如单摆的周期公式为 $T = 2\pi\sqrt{L/g}$，其使用条件要求摆角足够小，忽略了摆角的影响而产生的误差。

（3）环境影响产生的误差：周围环境的变化（如温度、压强、湿度、电磁场等因素的变化）影响测量量而产生的误差。

（4）个人误差：观测人员的心理或生理特点所造成的误差，如计时的超前或落后，读表时的偏左或偏右等。

发现和减少系统误差的方法主要有以下三种：

（1）主要分析仪器的示值误差、零值误差、调整误差、回程误差等，其中回程误差是指在相同条件下，仪器正、反行程在同一点上测量值之差的绝对值。

（2）理论分析：从实验装置、实验条件与理论条件是否一致去发现系统误差，例如用伏安法测电阻时，不论是内接法还是外接法均与理论约定不相符，但可以通过理论分析进行修正。

（3）对比实验：改变实验部分条件甚至全部重新测量，分析改变前后的测量值是否有显著不同，从中分析有无系统误差。

系统误差的处理方法：

（1）对换法：将测量中的某些因素相互交换，造成某项系统误差的正负号发生变化。例如用电桥测电阻时，交换待测电阻与标准电阻的位置可以消除接触电阻造成的误差。

（2）补偿法：如在热学实验中，在升温和降温条件下对温度测量各进行一次，两次测量的平均值可以抵消由于测量值比实际温度滞后带来的系统误差。

（3）替代法：在一定条件下，用一已知量替代被测量以消除系统误差。

（4）异号法：使系统误差在测量中出现两次，两次的符号恰好相反，取两次测量的平均值作为测量结果即可将系统误差消除。

3. 随机误差

随机误差的特点是在同一条件下，对同一物理量进行重复测量时，各次测量值的误差一般不完全相同，而且没有一定的规律。随机误差是由偶然的不确定的因素造成的。

由于随机误差产生的原因很多，又无法估计，因此无法消除，但并非没有规律可循，当对物理量进行多次测量时，随机误差呈现一定的规律性。例如：用手控制数字毫秒计，多次测量单摆的周期，将测得值分布的区域等分为八个区间，统计各区间内测得值的个数 N_i，以测量值 T 为横坐标，N_i/N 为纵坐标（N 为总次数）作统计直方图，图 0-1 是某次实验结果。

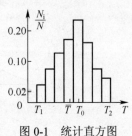

图 0-1　统计直方图

T_1 =1.749s 为最小值，T_2 =1.968s 为最大值，$\overline{T}$ =1.8594 为平均值，从图 0-1 中可以看出，比较多的测量值集中在分布区域的中部，而区域的左右两半的测得值都接近一半，由此可以设想被测量值的真值就在数据比较集中的部分。

在上述测量之后，我们再用光电门控制一台数字毫秒计去测同一个摆的周期，测 N 次，测得值分布在1.863到1.865s的小区域内，由于此时的随机误差显著小于前者，可将光电控制测得的平均值 T_0 作为手控制测量量的近似真值，对于测量值的随机误差作如下统计，取 T_0 =1.8640s。

$T_i - T_0 < 0$ 占 49%

$T_i - T_0 \geqslant 0$ 占 51%

T_0 左右全区 $\frac{2}{5}$ 范围内 占 67%

多次测量均有同上相似的结果，因而得出如下几点认识：每次测量的随机误差是不确定的；出现正号或负号偶然误差的机会相近；出现绝对值小的偶然误差的机会多一些；超过某一限度的误差实际上不会出现。理论与实践都证明：在多数情况下，随机误差服从正态分布（即高斯分布）规律。

根据误差理论，随机误差的正态分布函数为

$$f(\delta) = \frac{1}{\sigma\sqrt{2\pi}} \exp\left(-\frac{\delta^2}{2\sigma^2}\right) \tag{0-3-5}$$

$$\delta = \Delta x = x - x_0 \tag{0-3-6}$$

式中 x 表示测量值，x_0 表示真值，δ 为测量值的随机误差，σ 是与真值 x_0 有关的常数，我们把 σ 称为标准偏差。正态分布函数 $f(\delta)$ 的曲线如图 0-2 所示，曲线下面积为1，代表各种测量误差出现的总概率。$\Delta\delta$ 区间的面积为 $f(\delta)$，$\Delta\delta$ 表示测量值的误差出现在 $\delta \sim \delta + \Delta\delta$ 范围内的几率。服从正态分布规律的随机误差有以下特征：

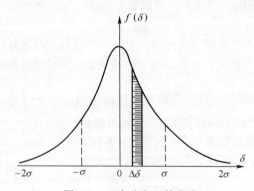

图 0-2 正态分布函数曲线

（1）单峰性：绝对值小的误差出现的几率大，绝对值大的误差出现的几率小。

（2）对称性：大小相等的正、负误差出现的几率均等。

（3）有界性：非常大的正、负误差出现的几率为零。

（4）抵偿性：当测量次数非常多时，正、负误差相互抵消，所以误差的代数和趋于零。

由图 0-3 可知：标准误差 σ 反映了测量值的离散程度。随机误差正态分布曲线的形状取决于 σ 值。σ 值越小，分布曲线越陡，峰值越高，则测量值的重复性越好；反之，σ 值越大，曲线越平坦，峰值越低，说明测量值的重复性差。

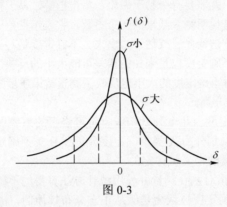

图 0-3

随机误差的估算：

设在一组测量值中，n 次测量的观测值分别为 x_1、x_2、x_3、$\cdots\cdots$、x_n，根据最小二乘法原理证明，多次测量的算术平均值 $\bar{x}$ 为：

$$\bar{x} = \frac{1}{n}\sum_{i=1}^{n} x_i \tag{0-3-7}$$

式中 $\bar{x}$ 是待测量真值 x_0 的最佳估计值，称为近真值，我们将用 $\bar{x}$ 表示多次测量的近似真实值。

4. 标准偏差 S_x

实际测量中测量次数有限，被测量真值未知，标准误差无法计算。可以证明，标准误差的最佳估计值为：

$$S_x = \sigma_x = \sqrt{\frac{\sum_{i=1}^{n}(x_i - \bar{x})^2}{n-1}} \quad \text{（贝塞尔公式）} \tag{0-3-8}$$

平均值的标准偏差 $\sigma_{\bar{x}}$ 为：

$$\sigma_{\bar{x}} = \frac{\sigma}{\sqrt{n}} = \sqrt{\frac{\sum_{i=1}^{n}(x_i - \bar{x})^2}{n(n-1)}} \tag{0-3-9}$$

0.4 不确定度，测量结果的表示方法

1. 不确定度

不确定度的意义：一个完整的测量结果不仅要给出该测量值的大小和单位，同时还应给出它的不确定度。

测量不可能没有误差，而误差又是未知的理想概念，为了准确地将测量结果的可信赖程度表示出来，就需要有个易于做出、易于理解、易于接受的统一的评定和表示方法。不确定度是说明测量结果的一个参数，它表示误差可能存在的范围，它的大小可以按一定的方法计算（或估计）出来。不确定度是对被测量的真值所处量值范围的一个评定；不确定度也是未知的误差可能大小的反映，同时也反映测量结果的可信赖程度，同时不确定度的大小也反映了测量结果质量的好坏程度。

（1）不确定度的分类。

通常，测量不确定度由几个分量构成。将可修正的系统误差进行修正后，根据获得的方法的不同，划分为 A 类不确定度分量和 B 类不确定度分量。

● A 类不确定度的定义和评定

A 类不确定度是指对重复测量并使用统计方法算得的不确定度，如测量读数具有分散性，这类不确定度被认为是服从正态分布规律的，因此可以像计算标准偏差那样，用贝塞尔公式计算被测量的 A 类不确定度，用 S_i 来表示，即多次测量的某次测量的 A 类不确定度为贝塞尔公式：

$$S_x = \sqrt{\frac{\sum_{i=1}^{n}(x_i - \overline{x})^2}{n-1}} \tag{0-4-1}$$

最佳值 $\overline{x}$ 的 A 类不确定度为：

$$S_{\overline{x}} = \frac{S_x}{\sqrt{n}} = \sqrt{\frac{\sum_{i=1}^{n}(x_i - \overline{x})^2}{n(n-1)}} \tag{0-4-2}$$

● B 类不确定度的定义和评定

B 类不确定度的定义和评定是指用非统计方法求出或评定的不确定度的分量，用 u_j 来表示。u_j 的大小用估计的方法来评定，但这种估计不是无根据的随意估计，B 类不确定度是根据以前的测量数据、有关材料、仪器特点及性能等有关知识，根据制造说明书、检定书或其他证书提供的数据以及使用手册提供的参考数据等信息进行合理地综合估计。

B 类不确定度的确定首先是指出影响测量的诸多因素，常见的主要因素有计量仪器、实验装置、环境和实验者等，再进一步对这些因素引起的效应逐一地作出不确定的估计，一般由极限误差估计值 Δ 除以一个常数 c 得到，即：

$$u_j = \frac{\Delta}{c} \qquad\qquad (0\text{-}4\text{-}3)$$

若认为该项极限误差的来源属于正态分布，则 $c=3$。若认为属于均匀分布则 $c=\sqrt{3}$。在物理实验中，测量值的偶然误差的分布形式常见的有两种，即正态分布和均匀分布。视值误差一般为正态分布，$c=3$，数字仪表的读数显示、度盘或其他传动齿轮的回差以及游标尺的读数都近似遵从均匀分布，即 $c=\sqrt{3}$，若误差来源属性不清，可假设遵从正态分布，即 $c=3$。

注：A 类和 B 类不确定度的分类，其目的是指明不确定度两分量的不同评定方法，并不意味两分量本身性质上存在什么差别。"A 类"和"B 类"并不代表"偶然误差"和"系统误差"，"误差"和"不确定度"两术语不同义，概念也不相同，两者不能混淆和误用。

（2）不确定度的合成。

用以表征某一直接测量结果的可靠程度的总的不确定度叫合成不确定度，用 u_c 表示，它是由 A 类不确定度 $\sum\limits_i s_i^2$ 和 B 类不确定度 $\sum\limits_j u_j^2$ 的方和根构成，即

$$u_c = \sqrt{\sum_i s_i^2 + \sum_j u_j^2} \qquad\qquad (0\text{-}4\text{-}4)$$

2. 测量结果的表示方法

最佳值代替真值表示测量值：

$$\overline{x} = \frac{1}{n}\sum_{i=1}^{n} x_i$$

用不确定度 $u_{c(x)}$ 来表征测量结果的可依赖程度：

$$u_c = \sqrt{\sum_i s_i^2 + \sum_j u_j^2}$$

测量结果的表达式为：

$$x = \overline{x} \pm u_c$$

$$E = \frac{u_c}{\overline{x}} \times 100\%$$

其中 E 为相对不确定度。

0.5　有效数字

测量不可能得到被测量的真实值，实验数据的记录只是反映了近似值的大小，任何物理量其测量结果都包含误差，因此测量数据应反映测量的准确度，故对数据的记录、运算以及结果的位数有严格的要求。有效数字是测量结果的一种表示，它应当是有意义的数码，不应允许无意义的数字存在。有效数字应根据测量误差

或实验结果的不确定度确定，决不能任意取舍。在实验的过程中对测量值进行读数应取几位、处理实验数据时运算后应留几位，这是实验数据处理的重要问题。实验时处理的数值应是能反映出被测量的实际大小的数值，即记录与运算后保留的数字应为能传递出被测量实际大小信息的全部数字，下面就此问题进行讨论。

1. 仪器的读数、记录与有效数字

我们把测量结果中可靠的几位数字加上有误差的一位数字称为有效数字。一般地讲，仪器上显示的数字均为可靠数字，仪器上最后一位估读的数字应视为可疑数字，它们都是有效数字，应读出并记录。例如：用一最小分度为毫米的刻度尺测得一物体的长度为 1.36cm，其中 1 和 3 是准确读出的数字，最后一位数字即小数点后的第二位 6 是估读出来的，仪器本身也将在这一位上出现误差，所以它存在一定的可疑成分，即实际上这一位可能不是 6，虽然 6 这个数字并不十分准确，但是近似地反映出这一位大小的信息，所以还应算作有效数字。

如果仪器上最后一位显示的数字是 "0" 时，此时 "0" 也是有效数字，也要读出来并记录。例如，用最小分度为一毫米的刻度尺测得一物体的长度为 2.30cm，它表示物体的末端是和分度线 "3" 刚好对齐，下一位是 0，此时若写成 2.3cm，则不恰当，因为 "3" 是准确的，"0" 这位是可疑位，也应算作有效数字，必须记录。另外在记录时，由于选择单位的不同，也会出现一些 "0"，如 2.30cm 可以写成 0.0230m 或 23000μm，这些由于单位变换才出现的 "0"，没有反映出被测量大小的信息，不能认为是有效数字。因此在物理实验中常用被称为标准式的写法，就是任何数值都只写出有效数字，而数量级则用 10 的幂数表示，上述两例应写为 2.30×10^{-2} m 、 2.30×10^4 μm 。

有效数字的位数与小数点的位置无关，如 2.14 和 21.4 都是三位有效数字。关于 "0" 是否是有效数字可根据下列条件进行判断：从左至右，以第一个不为 "0" 的数字为标准，其左边的 "0" 不是有效数字，其右边的 "0" 是有效数字，例如：0.00336 是三位有效数字，0.003360 是四位有效数字。即当 "0" 表示小数点位置时它不是有效数字；反之，则是有效数字。作为有效数字的 "0" 不可省略。例如：2.340 不可写作 2.34，它们所表示的准确程度不同，前者比后者准确度高。

对于分度式仪表，读数要读到最小分度的十分之一。例如，最小分度是毫米的刻度尺，测量时一定要估测到十分之一毫米那一位；最小分度是 0.1A 的安培计，测量时一定要估测到百分之一安培那一位。但有的指针式仪表的分度较窄，而指针较宽（大于最小分度的五分之一），这时要读到最小分度的十分之一有困难，可以读到最小分度的五分之一甚至二分之一。

一个测量结果的有效数字的多与少反映了该测量的准确程度，有效数字与小数点的位置无关，也与单位选择无关。

2. 有效数字的记录方法

（1）每个直接测量量的有效数字，其最后那位应该是最小分度值的估读数字。

（2）任何测量结果都只写出有效数字，数量级用 10 的幂表示。

（3）可疑数字只取一位，但有时取两位。运算中可多留一位有效数字。

3．有效数字的运算规则

如果实验数据不计算不确定度时，测量结果的有效数字可按以下规则确定：

（1）加减运算后的有效数字的可疑位应当和参加运算各数中最先出现的可疑位一致。

【例】

$$
\begin{array}{r}
541.2\overline{7}\\
10.\overline{3}\\
+\quad 7.365\overline{5}\\
\hline
558.9\overline{3}\overline{5}
\end{array}
$$

（上式中，数字上有横线的数字均为可疑数字），其计算结果应写为 558.9。

（2）乘除运算后的有效数字的位数应与参加运算各数中有效数字位数最少的一致。

【例】$325.78 \times 0.0145 \div 789.2 = 0.00599$

有效数字位数最少的是 0.0145，其有效数字位数为三位，所以计算结果应取三位有效数字。

（3）乘方、开方运算的有效位数与其底数有效位数相同。

（4）自然数 1、2、3、…不是通过测量而获得的，所以不存在可疑，因此可视自然数的有效位数为无穷多。

（5）无理常数如 $\sqrt{2}$、$\sqrt{3}$、π … 的有效位数也可以看作是无穷多位，计算过程中当这些常数参加运算时，这些常数应取的有效位数应比测量数据中有效位数最少者多取一位。例如：$S = \pi R^2$，测量值 $R = 2.50 \times 10^{-1}\,\mathrm{m}$，那么 π 应取为 3.142，则 $S = 3.142 \times (2.50 \times 10^{-1})^2 = 1.96 \times 10^{-1}\,\mathrm{m}^2$。

4．有效数字的取舍原则

运算后的数值只保留有效数字，其他数字应舍去，要舍弃的数字的第一位应按如下规则处理：余部大于 5 则入，小于 5 则舍，等于 5 凑偶。

【例】7.645750

取两位有效数字为 7.6（余部小于 5）；

取三位有效数字为 7.65（余部大于 5）；

取五位有效数字为 7.6458（余部等于 5）；

7.645850 取五位有效数字也为 7.6458。

5．使用有效数字运算规则时应注意的问题

（1）对数运算时，首数不算有效数字。

（2）在乘除运算时中计算有效数字位数时，当首位是 8 或 9 可多留一位。

【例】$9.81 \times 16.24 = 159.3$

9.81 是三位有效数字，结果应取 159，但因为 9.81 首位是 9，可将 9.81 算作四位数，所以结果取 159.3。

（3）对于计算过程的中间数据，应比近似计算规则所要求的多保留一位存疑数字，计算最后结果时，再按照要求取一位存疑数字，以减小因多次数字的取、舍而产生的附加误差。

0.6 实验数据处理方法

实验数据的处理是指把从实验获得的数据通过整理、计算、分析等严格的处理方法把事物内在规律性提取出来，实验数据的处理是实验工作不可缺少的重要部分。下面介绍几种处理实验数据的常用方法。

1. 列表法

在实验过程中我们记录和处理数据时常常将实验数据列成表格，尤其是在实验数据比较多时，更宜于用列表法处理数据。这种方法的优点是可使大量的数据表达清晰明了，避免混乱，避免丢失数据，易于检查数据，避免错误，有助于反映出物理量之间的关系。数据列表要求表格设计合理，简单明了，根据需要可把计算的中间项列出来，一些相关量、对应量都可按一定的形式和顺序列出相应栏目，这样就可简单明确地表示出相关的物理量之间的对应关系。同时避免不必要的重复计算。

列表要注意完整，写明表格与栏目的名称，单位与公因子写在标称栏内，不得重复写在各数据中。每测完一个数据后，要用钢笔或圆珠笔直接填入数据表格内，要根据仪表的最小刻度所决定的实验数据的有效数字认真填写，各数据之间不要太拥挤，应留有间隙，以供必要时补充和修改。测得的原始数据填入数据表格后不得随意更改，若发现数据有错误，可在错误的数据上画一条整齐的直线，在附近重新写上正确的，且需注明错误原因。

2. 作图法

作图法就是在坐标纸上把各实验数据之间的关系和变化用图线表示出来。作图法是了解物理量间的函数关系，找出经验公式的最常用方法之一，能够处理数据，反映物理量之间的关系，这是作图法处理数据的突出优点。由于图线是依据点作出的，所以作图具有多次测量取平均的作用。利用作图法可以从图纸中求出某些物理量或常数，也可直接从图中读出没有进行观测的对应于 x 的 y 值，"内插法"和"外延法"就是从所作的图纸上或延长线上读坐标的方法。

作图的基本规则如下：

（1）当决定了参量以后，根据具体情况选用毫米方格的直角坐标纸、对数坐标纸等。其坐标纸大小及坐标分度的比例要根据测量数据的有效数字位数和结果的需要来确定，原则是：测量数据中的可靠数字在图中应为可靠的，测量数据中的可疑数字在图中应是估计的，即坐标中的最小格对应测量有效数字中可靠数字的最后一位。

（2）坐标轴的坐标与比例。通常以坐标横轴代表自变量，纵轴代表因变量，并在坐标轴上标明所代表物理量的字母和单位。作图时，根据需要，横轴和纵轴的标度可以不同，坐标原点可以不是（0，0），根据实际确定，以充分利用坐标纸，调整对图线的大小和位置。

（3）图线的标点与连线。根据测量数据，以小"+"或"×"标出各测量数据点位置，使各测量数据坐标准确地落在"+"或"×"的正交点上，同一图上不同曲线应当用不同符号，如"+"、"×"、"0"、"△"等。当测量数据点好后，用直尺或曲线板等作图工具，把测量数据点连成直线或光滑曲线，除特殊情况外绝不允许连成折线，也不允许连成"蛇线"。图线不一定通过每一个测量数据点，但要求分布在图线两旁的数据点有较均匀的分布，图线起平均值的作用。

（4）图上应标明图的名称、简要的实验条件，作图人的姓名及作图日期。

（5）计算直线斜率时，一定在所作图线上找相距较远的两新点，不能用原来的测点坐标，用两点式 $k = \dfrac{y_2 - y_1}{x_2 - x_1}$ 计算斜率。计算截距时，是在图线上选定一点 p_3（x_3，y_3）代入 $y = kx + b$ 直线方程中求得：

$$b = y_3 - \frac{y_2 - y_1}{x_2 - x_1} x_3 \qquad (0\text{-}6\text{-}1)$$

作图法处理数据形象直观，应用十分广泛，但也存在一定的弊端，作图具有一定的随意性，对同一组数据，不同的人会得到不同的结果，即使同一个人，先后两次作图结果也会不同，因此它的误差也很难估计。另外，如果观测数据有效数字位数很高，分布范围很广，势必要求坐标纸的尺寸很大，有时甚至难以实现。

3. 逐差法

逐差法是一种常用的物理实验数据处理方法，当自变量是按等间距变化的，自变量和因变量之间成线性关系，且自变量误差远远小于因变量的误差时，可使用逐差法计算因变量变化的平均值。

逐差法的具体做法是：在 n 对数据中：x_1、x_2、x_3、…、x_i…x_n
y_1、y_2、y_3、…、y_i…y_n

求 k 值的公式是：

$$k = \frac{\Delta y}{\Delta x} \qquad (0\text{-}6\text{-}2)$$

任意两对数据都可代入（0-6-2）式求出 k 值，选用数据的原则有两条，其一是所有的数据都用上，另一条是任一数据都不应重复使用。

逐差法是把测量的 n 对数据分成两组，用第 2 组的一对数据作被减数，用第 1 组相应的一对数据作减数。例如共 10 对数据，则将第 1～5 号数据分作第 1 组，将第 6～10 号分作第 2 组，可求得系数：

$$k_i = \frac{y_{i+5} - y_i}{x_{i+5} - x_i} \quad (i = 1, 2, \cdots, 5)$$

k, b 的最佳值为：

$$\overline{k} = \frac{1}{5}\sum_{i=1}^{5}k_i$$

$$\overline{b} = \overline{y} - \overline{k}\cdot\overline{x}$$

其中 $\overline{x} = \frac{1}{10}\sum x_i$ 是 x_i 数列的中值，$\overline{y} = \frac{1}{10}\sum y_i$ 是 y_i 数列的中值。

逐差法有固定的计算程序，在一定程度上避免了作图法的随意性，计算简便、迅速，因而获得了广泛应用。它的缺点是若数据分组不同，计算结果也不相同，对于怎样分组才最合理，也缺乏理论分析。

【简答题】

（1）什么是直接测量？什么是间接测量？

（2）偶然误差与系统误差有什么不同？指出在下列情况下测量所产生的误差是系统误差还是偶然误差？

①游标卡尺的零误差；

②读数的视觉误差；

③伏安法测电阻时电表的接入引起的误差；

④用落球法测量重力加速度。

（3）测量时的有效数字怎样取位？

（4）什么是测量不确定度？

（5）不确定度与误差的区别是什么？

【计算题】

（1）以毫米为单位用标准式表示下列各值：

1.38m　　　0.075m　　　12cm　　　43.0cm　　　12.508km

（2）用刻度尺测物体长度，其最小分度为 mm，测量记录如下：

15.2cm、　20cm、　18.08cm、　51.00cm、　10.517cm

指出记录中哪些有错误？并加以改正。

（3）按有效数字运算规则，算出下列各式之值：

① $99.3/2.000^3 =$

② $(6.87 + 8.93)/(133.75 - 21.073) =$

③ $(25^2 + 943.0)/479.0 =$

④ $76.00/(40.00 - 2.0) =$

（4）把下列各数取三位有效数字：

①1.0750　　　　　②0.86249　　　　　③27.053

④ 7.921×10^{-6}　　　⑤2.1615　　　　　⑥0.0030050

（5）用正确标准式写出下列结果

① $A = 17000 \pm 1000$km

② $B = 1.001730 \pm 0.0005$m

③ $C = 10.80000 \pm 0.2 cm$

④ $T = 9.92 \times 10^2 \pm 2s$

（6）计算下面的测量结果

$$y = \frac{mgl^3}{4a^3 b\lambda}$$

其中 $g = 980.49 cm/s^2$，$m = 250.0 \pm 0.1 g$，$l = 40.05 \pm 0.05 cm$，

$a = 0.2948 \pm 0.0009 cm$，$b = 1.515 \pm 0.005 cm$，$\lambda = 0.0923 \pm 0.0003 cm$。

（7）用电子秒表测量时间 t，其测量值分别为：20.12(s)、20.19(s)、20.11(s)、20.23(s)、20.20(s)、20.15(s)，秒表的最小分度值为0.01s，求时间 t，并写出正确的结果表达式。

（8）一物体作匀速直线运动，观察运动距离 s，结果如下：

t（s）	s（cm）	t（s）	s（cm）
1.00	16.8	5.00	40.8
2.00	22.8	6.00	46.3
3.00	29.0	7.00	52.4
4.00	34.9	8.00	58.6

①用作图法算出物体的运动速率；②用逐差法求物体的运动速率。

实验一　长度测量

【实验目的】

1. 学习使用游标卡尺.螺旋测微计.读数显微镜测量长度；
2. 练习作好实验数据的记录和不确定度的计算。

【仪器及用具】

米尺、游标卡尺、螺旋测微计、读数显微镜、被测物（工型物、细铜丝、滚珠）

【实验原理】

长度的测量是最基本的测量，被测长度与已知长度比较从而得出测量结果称为长度测量。长度测量工具是指将被测长度与已知长度比较，从而得出测量结果的工具，简称测量工具。长度测量工具包括量规、量具和量仪。本实验学习使用游标卡尺、螺旋测微计、读数显微镜测量长度。

长度的国际单位是米（m），常用的单位有千米（km），分米（dm），厘米（cm），毫米（mm），微米（μm），纳米（nm）。

【仪器介绍】

1. 游标卡尺

游标卡尺亦称"卡尺"，又称为游标尺或直游标尺。游标卡尺是工业上常用的测量长度的工具，它由尺身及能在尺身上滑动的游标组成，如图 1-1 所示。若从背面看，游标是一个整体。游标与尺身之间有一弹簧片（图中未能画出），利用弹簧片的弹力使游标与尺身靠紧。游标上部有一紧固螺钉，可将游标固定在尺身上的任意位置。尺身和游标都有量爪，利用内测量爪可以测量槽的宽度和管的内径，利用外测量爪可以测量零件的厚度和管的外径。深度尺与游标连在一起，可以测槽和筒的深度。

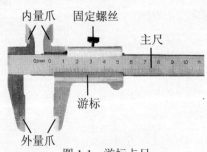

图 1-1　游标卡尺

主尺和游标上面都有刻度。主尺一般以毫米为单位，而游标上则刻有 10、20 或 50 个分格，根据分格的不同，游标卡尺可分为十分度游标卡尺、二十分度游标卡尺、五十分度游标卡尺等。

以准确到 0.1 毫米的游标卡尺为例，主尺尺身上的最小分度是 1 毫米，游标上有 10 个小的等分刻度，总长 9 毫米，每一分度为 0.9 毫米，比主尺上的最小分度相差 0.1 毫米。量爪并拢时主尺尺身和游标的零刻度线对齐，它们的第一条刻度线相差 0.1 毫米，第二条刻度线相差 0.2 毫米，……，第 10 条刻度线相差 1 毫米，即游标的第 10 条刻度线恰好与主尺的 9 毫米刻度线对齐，如图 1-2 所示。

图 1-2 刻度线

当量爪间所量物体的线度为 0.1 毫米时，游标向右应移动 0.1 毫米。这时它的第一条刻度线恰好与主尺尺身的 1 毫米刻度线对齐。同样当游标的第五条刻度线跟主尺尺身的 5 毫米刻度线对齐时，说明两量爪之间有 0.5 毫米的宽度，……，依此类推。

在测量大于 1 毫米的长度时，整数毫米数要从游标"0"线与主尺尺身相对的刻度线读出。

（1）游标卡尺的使用。

用软布将游标卡尺的量爪擦干净，使其并拢，查看游标和主尺尺身的零刻度线是否对齐。如果对齐就可以进行测量；如没有对齐则要记取零误差；游标的零刻度线在主尺尺身零刻度线右侧的叫正零误差，在主尺尺身零刻度线左侧的叫负零误差（这种规定方法与数轴的规定一致，原点以右为正，原点以左为负）。

测量时，右手拿住主尺尺身，大拇指移动游标，左手拿待测物体，如果测量物体的外径，使待测物位于外测量爪之间，当与量爪紧紧相贴时，即可读数；如果测量物体的内径，则将内量爪置于待测物圆孔中，当内量爪与圆孔内壁贴紧时，即可读数。

（2）游标卡尺的读数。

以十分度游标卡尺为例，图 1-3 是使用十分度游标卡尺测量的示意图。

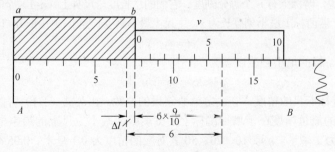

图 1-3 十分度游标卡尺

测量时将物体 ab 的 a 端和主尺的零线对齐，若另一端 b 在主尺的第 7 和第 8

分格之间，即物体的长度稍大于 7 个主尺格，设物体的长度比 7 个主尺格长 Δl，使用十分游标可将 Δl 测准到主尺一分格的 $\frac{1}{10}$。如图 1-3 所示，将游标的零线和物体的末端相接，查出与主尺刻线对齐的是游标上的第 6 条线，则

$$\Delta l = 6 - 6 \times \frac{9}{10} = 6 \times \frac{1}{10} = 0.6 \quad \text{主尺格}$$

即物体长度等于 7.6 主尺格（如果主尺每分格为 1mm，则被测物体长度为 7.6mm）。从图上可以看出，游标是利用主尺和游标上每一分格之差，使读数进一步精确的，此种读数方法称为差示法，在测量中有普遍意义。

参照上例可知，使用游标卡尺测量时，读数分为两步：读数时首先以游标零刻度线为准在主尺尺身上读取毫米整数，即以毫米为单位的整数部分。然后看游标上第几条刻度线与尺身的刻度线对齐，如第 6 条刻度线与尺身刻度线对齐，则小数部分即为 0.6mm（若没有正好对齐的线，则取最接近对齐的线进行读数）。如有零误差，则一律用上述结果减去零误差（零误差为负，相当于加上相同大小的零误差），读数结果为：

$$L = 整数部分 + 小数部分 - 零误差$$

判断游标上哪条刻度线与尺身刻度线对准，可用下述方法：选定相邻的三条线，如左侧的线在主尺尺身对应线左右，右侧的线在主尺尺身对应线之左，中间那条线便可以认为是对准了。

如果需测量几次取平均值，不需每次都减去零误差，用最后结果减去零误差即可。

（3）游标卡尺的精度。

实际工作中常用精度为 0.05 毫米和 0.02 毫米的游标卡尺。它们的工作原理和使用方法与前面介绍的精度为 0.1 毫米的游标卡尺相同。精度为 0.05 毫米的游标卡尺的游标上有 20 个等分刻度，总长为 19 毫米。测量时如果游标上第 11 根刻度线与主尺对齐，则小数部分的读数为 11/20=0.55 毫米，如第 12 根刻度线与主尺对齐，则小数部分读数为 12/20 =0.60 毫米。

一般来说，游标上有 n 个等分刻度，它们的总长度与尺身上（n–1）个等分刻度的总长度相等，若游标上最小刻度长为 x，主尺上最小刻度长为 y，则 $nx=(n-1)y$，整理得

$$x = y - (y/n)$$

主尺和游标的最小刻度之差为

$$\Delta x = y - x = y/n \tag{1-1}$$

y/n 叫游标卡尺的精度，它决定读数结果的位数。由公式（1-1）可以看出，提高游标卡尺的测量精度在于增加游标上的刻度数或减小主尺上的最小刻度值。一般情况下 y 为 1 毫米，n 取 10、20、50 其对应的精度为 0.1 毫米、0.05 毫米、0.02 毫米。精度为 0.02 毫米的机械式游标卡尺由于受到本身结构精度和人的眼睛对两条刻线对准程度分辨力的限制，其精度不能再提高。

【注意事项】

（1）游标卡尺是比较精密的测量工具，要轻拿轻放，不得碰撞或跌落地下。使用时不要用来测量粗糙的物体，以免损坏量爪，不用时应置于干燥地方防止锈蚀。

（2）测量时，应先拧松紧固螺钉，移动游标不能用力过猛。两量爪与待测物的接触不宜过紧。不能使被夹紧的物体在量爪内挪动。

（3）读数时，视线应与尺面垂直。如需固定读数，可用紧固螺钉将游标固定在尺身上，防止滑动。

（4）实际测量时，对同一长度应多测几次，取其平均值来消除偶然误差。

2. 螺旋测微计

螺旋测微器（又叫千分尺）是比游标卡尺更精密的测量长度的工具，用它测长度可以准确到 0.01mm，测量范围为几个厘米。

螺旋测微器的构造如图 1-4 所示。图 1-4 中测量砧 A 通过弓形架 C 与刻有主尺分度的套筒 E 相连。E 称为固定套筒，筒内固定有精密螺母。附尺刻在套筒 F 的圆周上，称为微分筒。F 内装有与测量杆 B 相连的精密螺杆，转动套筒 F，通过内部螺旋，使 F 可相对于 E 旋进旋出，套筒 F 的端边沿着主尺刻度移动，并使测量杆 B 一起移动。测量砧 A 与测量杆 B 离开的距离可从固定套筒 E 和微分筒 F 所组成的读数机构中得到测量读数。对于螺距为 x 的螺旋，每转一周，螺旋将前进（或后退）一个螺距，如果转 $\frac{1}{n}$ 周，螺旋将移动 $\frac{x}{n}$。设一螺旋的螺距为 0.5mm，当它转动 $\frac{1}{50}$ 圆周时，螺旋将移动 $\frac{0.5}{50}=0.01$mm；如果转动 3 圈又 $\frac{24}{50}$ 圆周时，螺旋就移动 $3\times0.5+\frac{24}{50}\times0.5=1.5+0.24=1.74$mm。因此借助螺旋的转动，将螺旋的角位移变为直线位移可进行长度的精密测量。这样的测微螺旋在精密测量长度的仪器上被广泛应用。实验室中常用的螺旋则微计的量程为 25mm，仪器精密度是 0.01mm，即千分之一厘米，所以又称为千分尺。

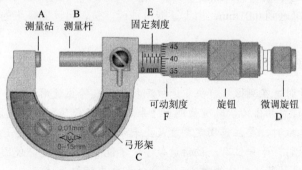

图 1-4　螺旋测微器（千分尺）

（1）螺旋测微计的使用。

测量前先检查零点读数。当使量杆 B 和量砧 A 并合时，微分筒的边缘对到主尺的"0"刻度线且微分筒圆周上的"0"线也正好对准基准线，如图 1-5（a）所示，则零点读数为 0.000mm。如果未对准则应记下零点读数。顺刻度方向读出的零点读数记为正值，逆刻度方向读出的零点读数记为负值。测量值为测量读数值减去零点读数值。

旋开螺旋测微计后放入你要测量的东西，拧大螺母 F 可以很快卡紧待测物，快卡紧的时候拧后面的棘轮 G，听到咔咔的声音就表示拧紧了，这时就可以读数了。

螺旋测微计测量长度时读数也分为两步：

①从活动套管的前沿在固定套管上的位置，读出整圈数；

②从固定套管上的横线所对活动套管上的分格数，读出不到一圈的小数。二者相加就是测量值。

使用螺旋测微计测量时，要注意防止读错整圈数，螺旋测微器主尺分度值为 0.5mm。所以在读数时要特别注意半毫米刻度线是否露出来。图 1-5（b）的读数是 5.386mm，而图 1-5（c）的读数应该是 5.886mm。

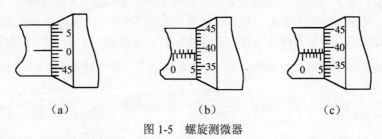

（a）　　　　　　（b）　　　　　　（c）

图 1-5　螺旋测微器

（2）螺旋测微计的精度。

螺旋测微器的精密螺纹的螺距是 0.5mm，可动刻度有 50 个等分刻度，可动刻度旋转一周，测微螺杆可前进或后退 0.5mm，因此旋转每个小分度，相当于测微螺杆前进或后退 0.5/50=0.01mm。可见，可动刻度每一小分度表示 0.01mm，所以螺旋测微器可准确到 0.01mm。由于还能再估读一位，可读到毫米的千分位，故又名千分尺。

【注意事项】

（1）测量时，在测微螺杆快靠近被测物体时应停止使用旋钮，而改用微调旋钮，避免产生过大的压力，既可使测量结果精确，又能保护螺旋测微器。

（2）在读数时，要注意固定刻度尺上表示半毫米的刻线是否已经露出。

（3）读数时，千分位有一位估读数字，不能随便扔掉，即使固定刻度的零点正好与可动刻度的某一刻度线对齐，千分位上也应读取为"0"。

（4）当小砧和测微螺杆并拢时，可动刻度的零点与固定刻度的零点不相重合，将出现零误差，应加以修正，即在最后测长度的读数上去掉零误差的数值。

3. 读数显微镜

读数显微镜是将测微螺旋和显微镜组合起来用于精确测量长度用的仪器，如图1-6所示。

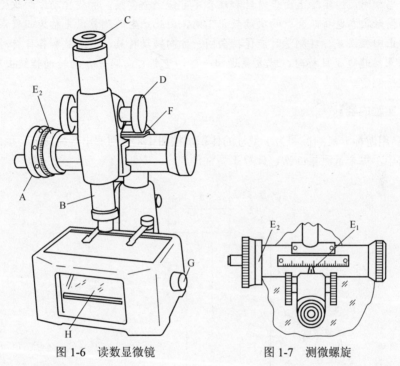

图 1-6　读数显微镜　　　　　　图 1-7　测微螺旋

它的测微螺旋的螺距为 1mm，和螺旋测微计的活动套管对应的部分是转鼓 A，它的周边等分为 100 个分格，每转一分格显微镜移动 0.01mm，它的量程一般是 50mm。此仪器所附的显微镜 B 是低倍的（20 倍左右），它由三部分组成：目镜、叉丝（靠近目镜）和物镜。

读数显微镜使用步骤如下：

（1）转动旋钮 G，把反光镜 H 调到一合适的位置，使目镜视野明亮；

（2）调节目镜 C，使目镜 C 中的叉丝清晰；

（3）转动旋钮 D 由下向上移动显微镜筒，改变物镜到目的间的距离，看清目的物；

（4）转动转鼓 A 移动显微镜，使叉丝的交点和测量的目标对准；

（5）读数：从指标 E_1 和标尺上读出毫米的整数部分，从指标 E_2 和转鼓 A 读出毫米以下的小数部分；

（6）转动转鼓 A 移动显微镜，使叉丝和目的物上的第二个目标对准并读数，两读数之差即为所测两点间的距离。

【注意事项】

（1）使显微镜的移动方向和被测两点间连线平行；

（2）防止回程误差。移动显微镜使其从相反方向对准同一目标的两次读数，似乎应当相同，但实际上由于螺丝和螺套不可能完全密接，螺旋转动方向改变时，它们的接触状态也将改变，两次读数将不同，由此产生的测量误差称为回程误差。为了防止回程误差，在测量时应保持向同一方向转动转鼓，使叉丝和各目标对准，当移动叉丝超过了目标时，就要多退回一些，重新再向同一方向转动转鼓去对准目标进行测量。

【实验内容】

1. 用游标卡尺测截面为工型柱的体积，按图1-8分别测出各待测值，填入数据表格中，每个量测量5次，计算工型柱体积。

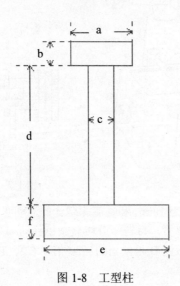

图1-8　工型柱

2. 用螺旋测微计测钢珠直径，测5次，计算钢珠体积。

3. 用读数显微镜测一段细铜丝的直径。

【参考数据表格】

1. 工型柱体积

测量工具：游标卡尺　　　读数单位：　　　最小分度值：　　　零点误差：

次 量	1	2	3	4	5	平均值	体积
a							
b							
c							
d							
e							
f							

2．钢珠体积

测量工具：螺旋测微计　　　读数单位：　　　最小分度值：　　　零点误差：

次 量	1	2	3	4	5	平均值	体积
d							

3．细铜丝的直径

测量工具：读数显微镜　　　读数单位：　　　最小分度值：

次 量	1	2	3	4	5	平均值	直径
左							
右							

【数据处理】

1．工型物各量的数据处理方法：

第一步：计算六个量的 A 类不确定度用公式

$$S_{\overline{x}} = \sqrt{\frac{\sum\limits_{i=1}^{n}(x_i - \overline{x})^2}{n(n-1)}}$$ 此公式中 $n=5$，结果保留两位有效数字，

B 类不确定度含三项合成之后为 $u_j=0.01mm$；

第二步：计算六个量的合成不确定度 $u_{c(x)} = \sqrt{s_{\overline{x}}^2 + u_j^2}$ ，结果保留一位有效数字；

第三步：写出六个实验结果表达式：

$$x = \overline{x} \pm u_{c(x)}mm$$
$$E = u_{c(x)} / \overline{x} \times 100\%$$

注：（1）其中 E 均保留一位有效数字；

（2）六个量均要写成上面的结果表达式形式，即 x 分别为 a、b、c、d、e、f，共需写出六个结果表达式。

2. 练习千分尺使用方法的数据处理

A 类不确定度用公式：$S_{\overline{d}}=\sqrt{\dfrac{\sum\limits_{i=1}^{n}(d_i-\overline{d})^2}{n(n-1)}}$ ，此公式中 $n=5$，

B 类不确定度含二项 $u_j=0.002\text{mm}$，

合成不确定度 $u_{c(d)}=\sqrt{S_{\overline{d}}^2+u_j^2}$ ，

最后写出实验结果表达式：$d=\overline{d}\pm u_{c(d)}\text{mm}$

$E=u_{c(d)}/\overline{d}\times100\%$ 。

【思考题】

1. 一个角游标，主尺 29°（29 分格）对应于游标 30 分格，问这个角游标的最小分度是多少？读数应到哪一位上？

2. 确定下列几种游标尺的分度值。

游标分格数	10	10	20	20	50
与游标对应主尺分度值（mm）	9	19	19	39	49
游标尺分度值（mm）					

3. 一个游标尺的零点示数如图 1-9 所示，当测量某物体长度的读数为 125.20mm 时，其实际长度为多少？

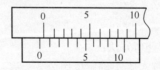

图 1-9　游标卡尺

实验二　物体密度的测量

【实验目的】

1．掌握正确使用物理天平的方法；
2．学会用流体静力称衡法测量不规则固体的密度；
3．运用不确定度及有效数字理论处理实验结果。

【仪器及用具】

物理天平、待测物体（铁块和塑料块）、细线

【实验原理】

物体的质量为 m，体积为 V，则其密度为：

$$\rho = \frac{m}{V} \tag{2-1}$$

若测定物体质量 m 及体积 V 就可以求得物体密度 ρ。本实验中用物理天平称量待测物的质量 m，用流体静力称衡法间接地测出待测物的体积 V。对于测定不规则物体的密度，这是一种常用的方法。

如果忽略空气的浮力，物体在空气中的重力 $W = mg$ 与浸在液体中的视重 $W_1 = m_1 g$ 之差就是待测物在液体中所受的浮力 F。

$$F = W - W_1 = (m - m_1)g \tag{2-2}$$

其中 m 是待测物在空气中称衡时相应的天平砝码质量，m_1 是待测物在全部浸入液体中称衡时相应的天平砝码质量。根据阿基米德原理，物体在液体中所受的浮力等于它所排开液体的重力即

$$F = \rho_0 g V \tag{2-3}$$

其中 ρ_0 是液体的密度，在物体全部浸入液体中时，V 是待测物排开液体的体积，即待测物的体积。由（2-1），（2-2），（2-3）可得待测物的密度 ρ

$$\rho = \frac{m}{m - m_1} \rho_0 \tag{2-4}$$

本实验中的液体采用水，ρ_0 即为水的密度。不同温度下水的密度可以从表 2-3 中查出。

如果待测物体的密度小于液体的密度，则可以采用如下方法：将待测物拴上一个重物，在重物作用下，待测物连同重物全部浸没在液体中。这时进行称衡，如图 2-1（a）所示，相应的砝码质量为 m_2，再将待测物提升到液面之上，而重物

仍浸没在液体中，这时进行称衡，如图 2-1（b）所示，相应的砝码质量为 m_3。则物体所受的浮力 $F = (m_3 - m_2)g$，密度

$$\rho = \frac{m'}{m_3 - m_2} \rho_0 \tag{2-5}$$

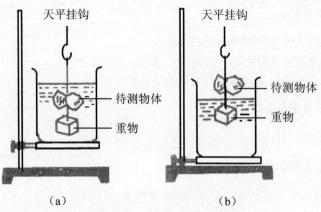

图 2-1　物体密度的测量装置

m' 为待测物体的质量。用这种方法只能测量在液体中性质不会发生变化的物体的密度（不起化学反应，也不溶解）。利用这种方法，还可测未知液体的密度。

【仪器介绍】

1. 物理天平的构造

物理天平是常用的称衡质量的仪器。其构造如图 2-2 所示。天平是一种等臂杠杆装置，天平的横梁上有 3 个刀口 F_1、F_2、F_3，两侧刀口 F_1、F_3 向上，用以承挂左右秤盘，而中间刀口 F_2 则搁置在立柱上部的刀承平面上。在两端的刀刃 F_1 和 F_3 下面悬挂两个称盘 C_1 和 C_2。称衡时将待测物放在 C_1 盘上，砝码放在 C_2 盘上。梁上附有可移动的游码 D，游码 D 每向右移动一个小格，相当于在右盘 C_2 中加 0.05g 砝码。横梁下面固定着一个指针 E，立柱上有标尺。当横梁摆动时，通过指针尖端在立柱下部的标尺上所指示的读数，可以指示左右秤盘上待测物体的质量和砝码质量间的平衡状态。为了保护天平的刀口，在立柱内装有制动器，旋转立柱下部的制动钮，可使刀承平面上下升降。天平在不使用时或在称衡过程中添加砝码时，应处于制动状态。这时刀承平面降下，使横梁放置在立柱两旁的支架上，以保护刀口。只有在称衡过程中考察天平是否平衡时才支起横梁。横梁两端有调节空载平衡用的配重螺母，横梁上有放置旋码的分度标尺。天平立柱固定在稳固的底盘上，并设有铅垂或水准器，以检验天平立柱是否铅直。

为了便利某些实验，在左面装有托盘 G，可用它托住不被称衡的物体，如水杯等，不用时可将托盘 G 转向一边。

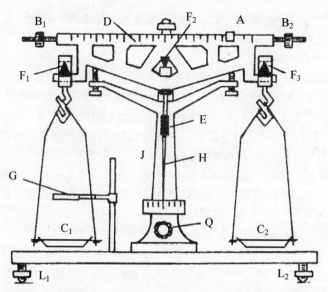

图 2-2　物理天平

天平的性能参数如下：

（1）最大称量和分度值。天平的最大称量是天平允许称衡的最大质量。使用天平时，被称物体的质量必须小于天平的最大称量，否则会使横梁产生形变，并使刀口受损。一般先将被称物体在低一级天平上进行预称衡，以减少精度较高的天平在称衡过程中横梁启动次数，减少刀口的磨损。

天平的分度值是指使天平指针偏离平衡位置一格需在秤盘上添加的砝码质量，它的单位为 mg/格。分度值的倒数称为天平的灵敏度。上下调节套在指针上的重心螺丝，可以改变天平的灵敏度。重心越高，灵敏度越高。天平的分度值及灵敏度与天平的负载状态有关。

（2）不等臂性误差。等臂天平两臂的长度应该是相等的，但由于制造、调节状况和温度不匀等原因，会使天平的两臂长度不是严格相等。因此，当天平平衡时，砝码的质量并不完全与待称物体的质量相等。由于这个原因造成的偏差称为天平的不等臂性误差。不等臂性误差属于系统误差，它随载荷的增加而增大。按计量部门规定，天平的不等臂性误差不得大于 6 个分度值。

为了消除不等臂性误差，可以利用复称法来进行精密称衡。复称法是先将被称物体放在左盘，砝码放在右盘，称得质量 M_1，然后将被称物体放在右盘，砝码放在左盘，称得质量 M_2。根据力矩平衡原理，被称物体的质量应为

$$M = \sqrt{M_1 M_2} \approx \frac{M_1 + M_2}{2}$$

（3）示值变动性误差。示值变动性误差表示在同一条件下多次开启天平，其平衡位置的再现性，是一种随机误差。由于天平的调整状态、操作情况、温差、

气流、静电等原因，使重复称衡时各次平衡位置产生差异。合格天平的示值变动性误差不应大于 1 个分度值。

2. 天平和砝码的精度等级

以天平的名义分度值与最大称量之比来决定天平的精度等级。国家计量部门规定天平产品分 10 个精度级别，见表 2-1。例如实验室常用的物理天平为 10 级，TG620 分析天平为 6 级。天平的调整和使用的一般程序如下：

（1）天平使用前必须按一定的程度进行调节，使用方法也有一定的要求。

①调整水平：适当旋转底座螺丝 L_1、L_2，使水准泡调到中心为止。

②调整零点：将游码 D 拨到左端 O 点处，旋转制动旋钮 Q，将横梁抬起，使之自由摆动，此指针应在标尺"0"点附近左右摆动。当摆动幅度左右相等时，天平平衡；如不平衡，可调节平衡螺母 B_1、B_2。

（2）称衡：将待测物体放在左盘中央（或将物体挂在盘框上方的钩子上）。砝码放在右盘中央，使天平平衡。在天平还不很平衡时，不必完全升起横梁。只要略微抬起，就能从指针偏转方向判别哪一边重，而将横梁架住后增减砝码，直到最后利用游码使天平平衡。

（3）每次称量完毕，旋转制动旋钮，放下横梁。全部称完后将秤盘摘离刀口。

【注意事项】

（1）天平的负载量不得超过其最大称量，以免损坏刀口或压弯横梁。

（2）为了避免刀口受冲击而损坏，必须切记在取放物体、取放砝码、调节平衡螺母以及不用天平时，都必须将天平止动。只有在判断天平是否平衡时才将天平启动。天平启、止动时动作要轻，止动时最好在天平指针接近标尺中央时进行。

（3）砝码不得用手拿取，只准用镊子夹取，从秤盘上取下砝码后应立即放入砝码盒中（镊子也必须保持清洁）。

（4）天平的各部分以及砝码都要防锈、防蚀。高温物体、液体及带腐蚀性的化学品不得直接放在秤盘内称衡。

（5）指针 E 所附的配重 H 上下移动时，可改变梁的重心位置而影响天平的灵敏度。出厂时已调整好，一般不应随便变动。

【实验内容与步骤】

1. 测量水的温度，并从表 2-3 中查出水的相应密度 ρ_0。

2. 测量铁块的密度：

（1）按物理天平称衡前的调节方法调节天平。

（2）将铁块拴上细线挂在左边秤盘上的钩子上，称量出 m。

（3）将铁块用细线挂在天平左盘上的钩子上，装水的烧杯放在托盘 G 上，并将铁块全部浸入水中。如图 2-3 所示，称出 m_1（天平横梁抬起时铁块要保持全部浸入水中，且不得与杯底和侧面接触）。

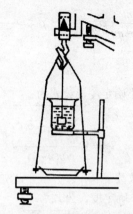

图 2-3　铁块密度的测量装置

（4）重复（1）、（2）、（3）的过程，m 和 m_1 各测量 5 次。

3．测量塑料块的密度。

（1）测出塑料块在空气中的质量 m'。

（2）将塑料块和重物全部浸入水中测出 m_2。

（3）将塑料块拴上重物，重物浸入水中，塑料块在水面之上，测出 m_3。

（4）重复（1）～（3），各量均测 5 次。

【参考数据表格】

读数单位：　　　　　　　　　　　　　　　　　　　　　室温：

量 \ 次	1	2	3	4	5	平均	$S_{\overline{m}}$	$u_{c(\overline{m})}$
m								
m_1								
m'								
m_2								
m_3								

注：m 为铁块在空气中时天平的视重；m_1 为铁块全部浸入水中时天平的视重

m' 为塑料块在空气时天平的视重；m_2 为塑料块与铁块全部浸入水中时天平的视重

m_3 为塑料块在空气中铁块在水中时天平的视重

【数据处理】

● 第一部分

计算铁块及塑料块的密度的平均值：

$$\overline{\rho_{\text{铁}}} = \frac{\overline{m}}{\overline{m} - \overline{m}_1} \rho_{\text{水}} \qquad \overline{\rho_{\text{塑}}} = \frac{\overline{m'}}{\overline{m}_3 - \overline{m}_2} \rho_{\text{水}}$$

水的密度查 2-3 表。

● 第二部分

1. 计算五个 m 的 A 类不确定度，公式为：

$$S_{\overline{m}} = \sqrt{\frac{\sum_{i=1}^{n}(m_i - \overline{m})^2}{n(n-1)}}$$

其中 $n=5$，保留两位有效数字。

2. 计算五个 m 的合成不确定度，公式为：

$$u_{(\overline{m})} = \sqrt{S_{\overline{m}}^2 + u_j^2}$$

其中 B 类不确定度为 $u_j=0.02$。保留一位有效数字。

【预习要求】

1. 明确天平的构造、调整程序及注意事项。特别注意什么？

2. 天平的水准泡的调节方法。

3. $\rho = \dfrac{m}{V}$ 公式中关键是测什么量？本实验使用什么方法测的？

【思考题】

1. 如果实验中，试件表面吸附有气泡，则实验结果所得到的密度偏大还是偏小？为什么？用什么方法解决？

2. 实验中用来把物吊起来的线为什么要用细线而不用粗线？若现有三种粗细一样的线：棉线、尼龙线和铜线，你认为用哪种好？为什么？

3. 如何测未知液体的密度？

【附表】

表 2-1　天平级别

精度级别	分度值/最大称量	精度级别	分度值/最大称量
1	1×10^{-7}	6	5×10^{-6}
2	2×10^{-7}	7	1×10^{-5}
3	5×10^{-7}	8	2×10^{-5}
4	1×10^{-6}	9	5×10^{-5}
5	2×10^{-6}	10	1×10^{-4}

表 2-2 砝码的允差（极限误差）

质量允差（mg） 名义质量	一等	二等	三等	四等	五等
500（g）	±2	±3	±10	±25	±120
200	±0.5	±1.5	±4	±10	±50
100	±0.4	±1.0	±2	±5	±25
50	±0.3	±0.5	±2	±3	±15
20	±0.15	±0.3	±1	±2	±10
10	±0.10	±0.2	±0.8	±2	±10
5	±0.05	±0.15	±0.6	±2	±10
2	±0.05	±0.10	±0.4	±2	±10
1	±0.05	±0.10	±0.4	±2	±10
500（mg）	±0.03	±0.05	±0.2	±1	±5
200	±0.03	±0.05	±0.2	±1	±5
100	±0.02	±0.05	±0.2	±1	±5
50	±0.02	±0.05	±0.2	±1	—
20	±0.02	±0.05	±0.2	±1	—
10	±0.02	±0.05	±0.2	±1	—
5	±0.01	±0.05	±0.2	—	—
2	±0.01	±0.05	±0.2	—	—
1	±0.01	±0.05	±0.2	—	—

表 2-3 水的密度 （单位：$g \cdot cm^{-3}$）

$C°$	$0°$	$1°$	$2°$	$3°$	$4°$
$0°$	0.99987	0.99990	0.99994	0.99996	0.99997
$10°$	99973	99963	99952	99940	99927
$20°$	99823	99802	99780	99757	99733
$30°$	99568	99537	99505	99473	99440
$40°$	9922	9919	9915	9911	9907
$50°$	9881	9876	9872	9867	9862
$60°$	9832	9827	9822	9817	9811
$70°$	9778	9772	9767	9761	9755
$80°$	9718	9712	9706	9699	9693

续表

$C°$	0°	1°	2°	3°	4°
90°	9653	9647	9640	9633	9626
100°	9584	9577	9569		
$C°$	5°	6°	7°	8°	9°
0°	0.99996	0.99994	0.99991	0.99988	0.99981
10°	99913	99897	99880	99862	99843
20°	99706	99681	99654	99626	99597
30°	99406	99371	99336	99299	99262
40°	9902	9898	9894	9890	9885
50°	9857	9853	9848	9843	9838
60°	9806	9801	9795	9789	9784
70°	9749	9743	9737	9731	9725
80°	9687	9680	9673	9667	9660
90°	9619	9612	9605	9598	9591
100°					

实验三　单摆

【实验目的】

1. 利用单摆求出当地的重力加速度；
2. 讨论单摆的系统误差对重力加速度的影响。

【仪器及用具】

单摆、游标卡尺、光电数字毫秒计

【实验原理】

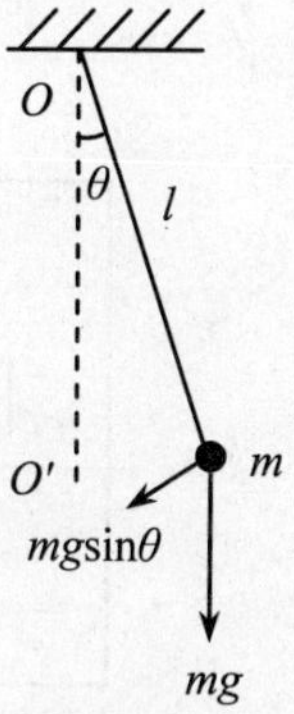

用一个不可伸长的轻线悬挂一小球，作幅角 θ 很小的摆动就构成一个单摆，如设小球的质量为 m，其质心到摆的支点 O 的距离为 l（摆长）。作用在小球上的切向力的大小为 $mg\sin\theta$，它总指向平衡点 O'。当 θ 角很小时，则 $\sin\theta \approx \theta$，切向力的大小为 $mg\theta$，按牛顿第二定律，质点的运动方程为

图 3-1　单摆

$$ma_{切} = -mg\theta$$

$$ml\frac{\mathrm{d}^2\theta}{\mathrm{d}t^2} = -mg\theta$$

$$\frac{\mathrm{d}^2\theta}{\mathrm{d}t^2} = -\frac{g}{l}\theta \qquad (3\text{-}1)$$

这是一个简谐振动方程，可知该简谐振动角频率 ω 的平方等于 g/l，由此得出

$$\omega = \frac{2\pi}{T} = \sqrt{\frac{g}{l}}$$

$$T = 2\pi\sqrt{\frac{l}{g}} \qquad (3\text{-}2)$$

$$g = 4\pi^2\frac{l}{T^2} \qquad (3\text{-}3)$$

由（3-3）式可知只要测出单摆的摆长 l 及单摆的周期 T，即可求出当地的重力加速度 g。

【仪器介绍】

本机以 51 系列单片微机为中央处理器，并编入与气垫导轨实验相适应的数据处

理程序，通过功能选择复位键输入指令，通过数值转换键设定所需数值。P_1、P_2 光电输入口采集数据信号，中央处理器处理，LED 数码显示屏显示各种测量结果。

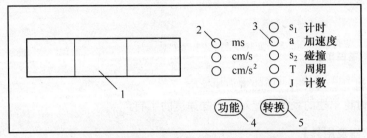

1—LED 显示屏；2—测量单位指示灯；3—功能转换指示灯；
4—功能选择复位键；5—数值转换键

图 3-2　光电数字毫秒计前面版图

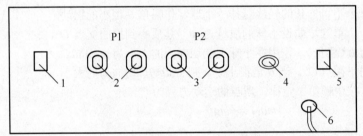

1—电磁铁开关；2—P1 光电门插口；3—P2 光电门插口；4—电源保险管座；
5—电源开关；6—电源线

图 3-3　光电数字毫秒计后面版图

1. 各键的功能

（1）功能选择.复位键：用于五种功能的选择及取消显示数据、复位。

（2）数值转换键：用于挡光片宽度设定，简谐运动周期值的设定，测量单位的转换。

2. 使用与操作

（1）开机前接好电源。

（2）根据实验的需要，选择所需光电门的数量，将光电门线插入 P_1、P_2 插口（注意一定要接驳可靠）。

（3）按下电源开关。

（4）按功能选择复位键，选择所需要的功能。注意当光电门没遮光时每按键一次转换一种功能，循环显示。当光电门遮过光按一下此键复位清零。

（5）当每次开机时，挡光片宽度会自动设定为 10mm，周期数被自动设定为 10 次。

（6）当选择计时、加速度或碰撞功能时，按下数值转换键，计时小于 1.5 秒时，测量数值自动在 ms、cm/s、cm/s^2 循环显示供选择。

（7）按下数值转换键，计时大于 1.5 秒将显示已设定挡光片的宽度 10mm 显示 1.0，30mm 显示 3.0，此时如有已完成的实验数据可保持。

（8）再按数值转换键，可重新选择所需要的挡光片宽度，前面所保持的实验数据将被清除。

注：使用挡光片宽度与选定挡光片宽度数值应相符，否则显示 ms 时正确，转换成 cm/s^2 时将是错误的。

（9）当功能选择周期（T）时，按上述方法可设定所需要的周期数值。

3. 关于实验器材的选择

实验器材和实验装置的配置要符合实验原理和减小误差的要求。选择摆线时应选择细、轻又不易伸长的材料，长度一般在 1m 左右，小球应选用密度较大的金属球，直径应较小，最好不超过 2cm。为便于改变摆长，可将摆线的一头绕在铁架台上的圆杆上以代替铁夹；摆线上端固定，实验过程中要用铁夹夹紧摆线上端，以保证摆动时摆长不变。

【实验内容】

测重力加速度，步骤如下：

（1）用米尺测摆线长（分别取 L=40cm，45cm，50cm，55m，60cm）。

（2）用游标卡尺测量钢球的直径。

（3）使单摆开始摆动，摆角 θ<5°，用光电数字毫秒计测单摆的摆动周期 T，连续测 5 次求平均值。注意：单摆在摆动时应保持在一个平面内，防止出现圆锥形摆动。

（4）用作图法求出重力加速度。

【参考数据表格】

钢球直径 D=   单位：cm

l	t_1	t_2	t_3	t_4	t_5	$\bar{t}$	$\bar{T}=\dfrac{\bar{t}}{10}$	$\bar{T}^2$
D+40								
D+45								
D+50								
D+55								
D+60								

【数据处理】

1. 用作图法处理数据：用 l 作纵坐标，用 T^2 作横坐标，根据表中数据描点并画出直线，在直线上重新取两点 A、B，根据这两点求出直线斜率 k，式（3-3）中的 $\dfrac{l}{T^2}$ 即直线斜率 k。

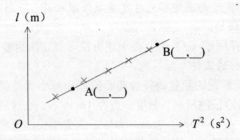

2. 根据 $g = 4\pi^2 \dfrac{l}{T^2} = 4\pi^2 k$ 即可得出当地重力加速度。

实验四　用扭摆测物体的转动惯量

【实验目的】

1. 学习用扭摆测定物体的转动惯量；
2. 验证转动惯量平行轴定理。

【仪器及用具】

扭摆装置、转动惯量测试仪、大称量型天平、游标卡尺、高度尺、待测物体

【实验原理】

物体装在一个有垂直轴的螺旋弹簧上，当物体在水平面内转过一个角度 θ 后，在弹簧的恢复力矩作用下，物体就开始绕弹簧的垂直轴作往返扭转运动，根据虎克定律，弹簧受扭转而产生的恢复力矩 M 与所转过的角度 θ 成正比，即：

$$M = -k\theta \tag{4-1}$$

式中 k 为弹簧的扭转常数，与弹簧的材料有关。根据转动定律：

$$M = I\beta \tag{4-2}$$

式中 I 为物体绕转轴的转动惯量，β 为角加速度。由（4-1）和（4-2）式可得：

$$\beta = \frac{\mathrm{d}^2\theta}{\mathrm{d}t^2} = -\frac{k}{I}\theta \tag{4-3}$$

令 $\omega^2 = \dfrac{k}{I}$，忽略轴承的摩擦阻力矩，（4-3）式即可写成：

$$\beta = \frac{\mathrm{d}^2\theta}{\mathrm{d}t^2} = -\omega^2\theta \tag{4-4}$$

由（4-4）式可以看出扭摆运动具有角简谐振动的特性，角加速度与角位移成正比，且方向相反，此方程的解为：

$$\theta = A\cos(\omega t + \varphi) \tag{4-5}$$

式中 A 为谐振动的角振幅，φ 为初相位角，ω 为角速度，扭摆的振动周期为：

$$T = \frac{2\pi}{\omega} = 2\pi\sqrt{\frac{I}{k}} \tag{4-6}$$

由（4-6）式可知物体的转动惯量为：

$$I = \frac{k \cdot T^2}{4\pi^2} \tag{4-7}$$

从（4-7）式可知，只要测量出物体扭摆的摆动周期 T 和弹簧的扭转常数 k，

即可计算出物体转动惯量 I。

本实验利用一个几何形状规则的物体，在扭摆上测量出物体的摆动周期 T，它的转动惯量 I 可以根据它的摆动周期、质量和几何尺寸用理论公式直接计算得到，再利用式（4-7）算出扭摆弹簧的扭转常数 k 值。若要测定其他形状物体的转动惯量，只要将待测物体安放在扭摆顶部的各种夹具上，测定其摆动周期，由（4-7）式即可算出该物体绕转动轴的转动惯量。

【仪器介绍】

1. 扭摆

扭摆的构造如图 4-1 所示，在垂直轴❶上装有一只薄片状的螺旋弹簧❷，用以产生恢复力矩。在轴的上方利用夹具可以装上各种待测物体。垂直轴与支座间装有轴承，以降低摩擦力矩。支座上装有水平仪❸，用来调整仪器转轴成铅直。

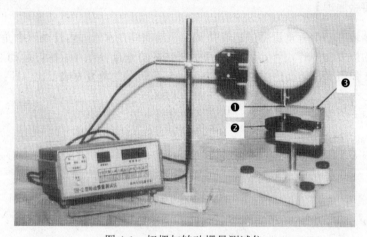

图 4-1　扭摆与转动惯量测试仪

2. 转动惯量测试仪

转动惯量测试仪由主机和光电传感器两部分组成，如图 4-2 所示。主机采用新型的单片机作控制系统，用于测量物体转动和摆动的周期以及旋转体的转速，能自动记录、存储多组实验数据，并能够精确地计算多组实验数据的平均值。

图 4-2　转动惯量测试仪

光电传感器主要由红外发射器和红外接受管组成，将光信号转换为脉冲电信号送入主机。因人眼无法直接观察仪器工作是否正常，但可用遮光物体往返遮光，检查计时器是否开始计数，到达预定周期数时是否停止计数。为防止过强光线对光电探头的影响，光电探头不能置放在强光下，实验时采用窗帘遮光，确保计时的准确。

仪器的使用方法如下：

（1）调节光电传感器在固定支架上的高度，使被测物体上的挡光杆能自由往返地通过光电门，再将光电传感器的信号传输线插入主机输入端（位于测试仪背面）。

（2）开启主机电源，"摆动"指示灯亮，参量指示为 P_1，数据显示为"……"。

（3）本机默认的周期数为 10，如需更改可重新设定，但更改后的周期不具有记忆功能，一旦切断电源或按"复位"键，将恢复原来的周期数 10。

（4）按"执行"键，数据显示为"000.0"，表示仪器已处在等待测量状态，此时，当被测的往复摆动物体上的挡光杆第一次通过光电门时，仪器即开始连续计时，达到所设定的周期数时自动停止计时，由"数据显示"给出累计的时间，同时仪器自行计算周期并予以存储，以供查询，至此第一次测量完毕。

（5）按"执行"键，"P_1"变为"P_2"，数据显示又回到"000.0"，仪器处在第二次待测状态，本机设定重复测量的最多次数为 5 次，通过"查询"键可知测量的平均值。

HZQ-A6 大称量型天平如图 4-3 所示，技术指标如下：

（1）量程：0~6kg；

（2）可读性：0.1g；

（3）重复性：±0.1g；

（4）线性误差：±0.2g；

（5）操作温度范围：5～30℃；

（6）开机预热时间：10～20min。

图 4-3　HZQ-A 大称量型天平

【实验内容及步骤】

1. 测量扭摆弹簧的扭转常数 k

（1）用游标卡尺测出塑料圆柱体的外径 D，用大称量型天平称量其质量 m，利用圆柱体转动惯量公式 $I = \dfrac{mR^2}{2}$，求出塑料圆柱体的转动惯量（计算塑料圆柱体的转动惯量时应扣除金属载物盘的转动惯量，$I_{金属载物盘} = 4.929 \times 10^{-4}\,\mathrm{kg \cdot m^2}$）。

（2）调整扭摆基座底脚螺钉，使水平仪中气泡居中。

（3）装上金属载物盘，并调整光电探头的位置使载物盘上挡光杆处于其光电探头缺口中央且能遮住发射红外线的小孔。使用转动惯量测试仪测定金属载物盘的周期。把塑料圆柱体放在金属载物盘上，使用转动惯量测试仪测定金属载物盘和塑料圆柱体的摆动周期。用公式 $I = \dfrac{k \cdot T^2}{4\pi^2}$ 计算出扭摆的扭转常数 k。

塑料圆柱体	1	2	3	4	5	平均值
外 径						
周 期						
转动惯量 I						
扭转系数 k						

2. 用扭摆测量金属圆筒、木球的转动惯量

（1）取下塑料圆柱体，把金属圆筒放在载物金属盘上，用扭摆测出金属圆筒的摆动周期 T。

（2）取下载物金属盘，装上木球，测定摆动周期 T（计算木球的转动惯量时，应扣除支架的转动惯量）。

（3）利用求出的扭摆弹簧的扭转常数 k 及公式 $I = \dfrac{k \cdot T^2}{4\pi^2}$，计算出金属圆筒、木球的转动惯量。

周 期	T_1	T_2	T_3	T_4	T_5	$\overline{T}$	转动惯量 I
金属圆筒							
木 球							

3. 验证转动惯量平行轴定理

（1）取下木球，装上金属细杆（金属细杆中心必须与转轴重合）。测定摆动周期 T，计算金属细杆转动惯量（计算金属细杆转动惯量时，应扣除支架的转动惯量）。

（2）用大称量型天平称量滑块的质量 m。

（3）将滑块对称放置在细杆两边的凹槽内，此时滑块质心离转轴距离分别为 5.00cm，10.00cm，15.00cm，20.00cm，25.00cm，测定摆动周期 T。验证平行轴定

理。$I = I_c + md^2$，其中 I_c 为通过刚体质心时的转动惯量，d 为平行轴到转轴的距离（计算转动惯量时，应扣除支架的转动惯量，支架转动惯量由实验室给出）。

$d(10^{-2}m)$	5.00	10.00	15.00	20.00	25.00
$T(s)$					
转动惯量					

注：$I_{支座} = 0.187 \times 10^{-4} \text{kg} \cdot \text{m}^2$ $I_{夹具} = 0.321 \times 10^{-4} \text{kg} \cdot \text{m}^2$

$I_{金属载物盘} = 4.929 \times 10^{-4} \text{kg} \cdot \text{m}^2$ $I_{滑块} = 0.377 \times 10^{-4} \text{kg} \cdot \text{m}^2$

【注意事项】

（1）扭摆的基座应保持水平状态。

（2）光电探头宜放置在挡光杆的平衡位置处，挡光杆不能和它相接触，以免增大摩擦力矩。

（3）在安装待测物体时，其支架必须全部套入扭摆主轴，将制动螺丝旋紧，否则扭摆不能正常工作。

（4）在测定各种物体的摆动周期时，扭摆的摆角应在 90° 附近。

（5）在称金属细长杆和木球的质量时，必须取下支架和夹具。

（6）扭摆的弹簧有一定的使用寿命和强度，千万不要随意玩弄。

实验五　用拉伸法测量金属丝的杨氏弹性模量

【实验目的】

1. 学习用静态拉伸法测定杨氏模量；
2. 掌握各种长度测量工具的选择和使用；
3. 掌握用光杠杆及望远镜尺组，测量微小长度变化的原理和方法；
4. 学习用逐差法处理数据。

【仪器及用具】

杨氏模量仪、砝码、螺旋测微计、光杠杆、望远镜尺组、米尺

【实验原理】

物体在外力作用下，所发生的形状和大小的变化称为形变。形变可分为弹性形变和范性形变两类。如果外力在一定限度内，当外力撤去后，物体能恢复到原来的形状和大小，这种形变称为弹性形变。如果由于外力过大，当外力撤去后，物体不能恢复到原来的形状和大小，这种形变称为范性形变。本实验只研究弹性形变。因此，应当控制外力的大小，以保证物体作弹性形变。

设金属丝的原长 L，横截面积为 S，沿长度方向施力 F 后，其长度改变 ΔL，则金属丝单位面积上受到的垂直作用力 F/S 称为正应力，金属丝的相对伸长量 $\dfrac{\Delta L}{L}$ 称为线应变。实验结果指出，在弹性范围内，由胡克定律可知物体的正应力与线应变成正比，即

$$\frac{F}{S} = Y\frac{\Delta L}{L} \tag{5-1}$$

则

$$Y = \frac{F/S}{\Delta L/L} \tag{5-2}$$

比例系数 Y 即为杨氏弹性模量。它表征材料本身的性质，Y 越大的材料，要使它发生一定的相对形变所需的单位横截面积上的作用力也越大。Y 的国际单位制单位为帕斯卡，记为 Pa（$1\text{Pa}=1\text{N/m}^2$；$1\text{GPa}=10^9\text{Pa}$）。

本实验测量的是钢丝的杨氏弹性模量，如果钢丝直径为 d，则可得钢丝横截面积 S

$$S = \frac{\pi d^2}{4} \tag{5-3}$$

光杠杆测微小长度变化的原理如下：

尺读望远镜和光杠杆组成如图5-1所示的测量系统。尺读望远镜由一把竖立的毫米刻度尺和在尺旁的一个望远镜组成，如图5-1（a）所示。光杠杆结构如图5-1（b）所示，它实际上是附有三个尖足的平面镜。三个尖足的边线为一等腰三角形。前两足刀口与平面镜在同一平面内（平面镜俯仰方位可调），后足在前两足刀口的中垂线上。

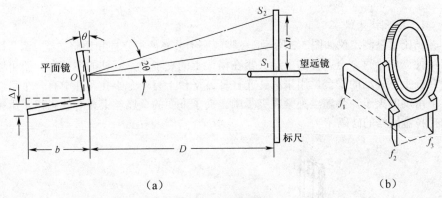

（a）　　　　　　　　　　　　　　（b）

图 5-1　测量系统

将光杠杆和望远镜按图5-1所示放置好，按仪器调节顺序调好全部装置后，就会在望远镜中看到经由光杠杆平面镜反射的标尺像。设开始时，光杠杆的平面镜竖直，即镜面法线在水平位置，在望远镜中恰能看到望远镜处标尺刻度 S_1 的像。当挂上重物使细钢丝受力伸长后，光杠杆的后脚尖 f_1 随之绕前脚尖 f_2f_3 下降 ΔL，光杠杆平面镜转过一较小角度 θ，法线也转过同一角度 θ。根据反射定律，反射线转过 2θ 角，从 S_1 处发出的光经过平面镜反射到 S_2（S_2 为标尺某一刻度）。由光路可逆性，从 S_2 发出的光经平面镜反射后将进入望远镜中被观察到。

设 $S_2 - S_1 = \Delta n$，由图（a）可知

$$\tan\theta = \frac{\Delta L}{b}, \quad \tan\theta = \frac{\Delta n}{D}$$

式中，b 为光杠杆常数（光杠杆后脚尖至前脚尖连线的垂直距离），D 为光杠杆镜面至尺读望远镜标尺的距离。

由于偏转角度 θ 很小，即 $\Delta L \ll b$，$\Delta n \ll D$，所以近似地有 $\theta \approx \dfrac{\Delta L}{B}$，$2\theta \approx \dfrac{\Delta n}{D}$，则

$$\Delta L = \frac{b}{2D} \cdot \Delta n \qquad (5\text{-}4)$$

由上式可知，微小变化量 ΔL 可通过较易准确测量的 b、D、Δn，间接求得。实验中取 $D \gg b$，光杠杆的作用是将微小长度变化 ΔL 放大为标尺上的相应位

置变化 Δn，ΔL 被放大了 $\dfrac{2D}{b}$ 倍。

将（5-3）、（5-4）两式代入（5-2）有

$$Y = \frac{8LDF}{\pi d^2 b \cdot \Delta n} \tag{5-5}$$

通过上式便可算出杨氏模量 Y。

【仪器介绍】

1. 杨氏模量仪

杨氏模量测定仪如图 5-2 所示，三脚底座上装有两根立柱和调整螺丝。调节螺丝可使立柱铅直。金属丝的上端夹紧在横梁上的夹子中，立柱的中部有一个可以沿立柱上下移动的平台，用来承托光杠杆。平台上有一个小孔，孔中有一个可以上下滑动的夹子，金属丝夹紧在夹子中。夹子下面的金属丝上系有砝码托，用来承托拉金属丝的砝码。

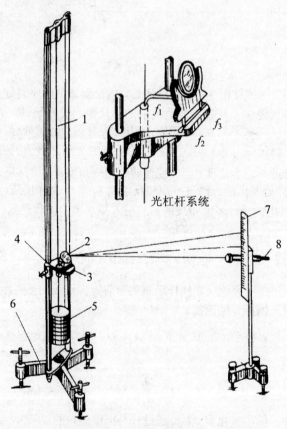

光杠杆系统

图 5-2　杨氏模量仪

2. 光杠杆

光杠杆是利用放大法测量微小长度变化的仪器。光杠杆装置包括光杠杆镜架和镜尺两大部分，光杠杆镜架如图 5-1（b）所示，将一直立的平面反射镜装在一个三脚支架的一端。

3. 尺读望远镜组

尺读望远镜装置如图 5-3 所示，它由一个与被测量长度变化方向平行的标尺和尺旁的望远镜组成，望远镜由目镜、物镜、镜筒、分划板和调焦手轮构成。望远镜镜筒内的分划板上有上下对称的两条水平刻线－视距线，测量时，望远镜水平地对准光杠杆镜架上的平面反射镜，经光杠杆平面镜反射的标尺虚象又成实象于分划板上，从两条视距线上可读出标尺像上的读数。

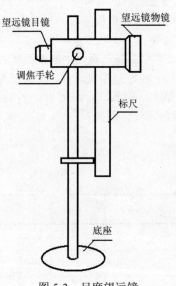

图 5-3 尺度望远镜

【实验内容】

1. 调整杨氏模量仪

调整杨氏模量仪三脚底座上的调整螺丝，使仪器水平。再将三足镜（光杠杆）放在平台上，两前足放在平台上的横槽内，后足放在活动夹子上，但不可与金属丝相碰。检查金属丝是否在圆座孔中可自由晃动。

2. 调节光杠杆及望远镜尺组

望远镜尺组在离光杠杆镜面 1.5 米处安放时，尽量使望远镜和光杠杆高度相当。望远镜应成水平，标尺和望远镜垂直。调整望远镜时，先从望远镜外侧，沿镜筒的方向观察，看镜筒轴线的延长线是否通过光杠杆的镜面，以及小镜内是否有标尺的像；若无，则可移动三角架，并略微转动望远镜，保持镜筒的轴线对准光杠杆的镜面，直到沿镜筒上方能看到光杠杆内有标尺的像为止。调节望远镜的目镜，对十字叉丝（镜筒内）进行聚焦，使观察到的十字叉丝清晰。再调节望远镜的物镜，使能清楚地看到标尺的像。使用望远镜读数时，要注意避免视差，即当视线上下移动时，所能看到的竖尺刻线与叉丝之间，没有相对移动。如果发现有明显的视差，可稍微调节一下望远镜目镜的聚焦或物镜。

仔细调节光杠杆小镜倾角以及标尺的高度，使尺像的零线（标尺线）尽可能落在望远镜十字叉丝的横丝上。

3. 测量

先记下 S_1，然后轻轻地逐次将砝码加到砝码托上，记录每次从望远镜中读到的尺像数，加砝码时，勿使砝码托摆动，并将砝码缺口交叉放置，以免倒下。然后将所加砝码逐次减掉（与加砝码重量相同），记下对应的尺像读数。应当注意，在增加和减少砝码时，当金属丝荷重相等时，读数应基本相同。如果相差很大，必须先找出原因，再重做实验。

用米尺测量金属丝长 l 和平面镜与竖尺之间的距离 D，用螺旋测微器测量钢丝直径 d，要在钢丝各个部位、各方向多次测量。用卡尺测量 b，测量方法是将光杠杆的三个足尖印在一张平纸上，得到三个印记 f_1、f_2、f_3，用直线连接前足 f_2、f_3，做后足 f_1 到前足连线的垂线，即为 b。

【参考数据表格】

1. 望远镜中标尺的读数

m（kg）	s_i（cm）	s_i（cm）	$\overline{s_i}$	$\Delta n = \overline{s_{i+3}} - \overline{s_i}$	
0.36				$\overline{s_4} - \overline{s_1}$	
0.72				$\overline{s_5} - \overline{s_2}$	
1.08				$\overline{s_6} - \overline{s_3}$	
1.44				逐差法	
1.80				$\overline{\Delta n} = \dfrac{(\overline{s_4} - \overline{s_1}) + (\overline{s_5} - \overline{s_2}) + (\overline{s_6} - \overline{s_3})}{3}$	
2.16					

2. 用千分尺测钢丝直径 d 测五次，在钢丝的不同位置上测

次	1	2	3	4	5	平均
d（mm）						

3．其他测量值

金属丝长度 L （cm）	平面镜与竖尺之间的距离 D （cm）	光杠杆常数 b （mm）

【数据处理】

1．求 F

$$F = 3mg \quad （m=0.36\text{kg}，g=9.804\text{m/s}^2）$$

2．求杨氏模量 Y

$$Y = \frac{8LDF}{\pi d^2 b \cdot \Delta n} \quad 牛顿/米^2$$

实验六 表面张力系数的测定

【实验目的】

1. 用拉脱法测量室温下水的表面张力系数；
2. 学习焦利氏秤的使用方法；
3. 了解液体表面的性质。

【仪器及用具】

焦利氏秤、属框、线、砝码、玻璃皿、温度计、游标卡尺、蒸馏水

【实验原理】

液体分子之间存在相互作用的力，称为分子力。液体内部每一个分子周围都被同类的其他分子所包围，它所受到的周围分子的作用，合力为零。而液体的表面层（其厚度等于分子的作用半径，约 10^{-8}cm 左右）内的分子一边受液体内部分子的引力，另一边受液体外部气体分子的引力。由于液体上的气相层的分子密度比液体内部分子的密度小得多，所以液体表面层的分子受到向上的引力比向下的引力小得多，液体的表面层分子受到一个垂直液面并指向液体内部的吸引力，使液体表面具有收缩的趋势。这个液体表面所受的吸引力，被称为表面张力。

表面张力的大小用表面张力系数 σ 来描述，如果在液面上作用一长度为 L 的线段，则张力作用在线段两边的液面的拉力 F' 的方向恒与线段垂直，大小与线段的长度 L 成正比，即

$$F' = \sigma L$$

把金属丝 AB 弯成如图 6-1（a）所示的形状，并将其悬挂在灵敏的测力计上，然后把它浸到液体中。当缓缓提起测力计时，金属丝就会拉出一层与液体相连的液膜，由于表面张力的作用，测力计的读数逐渐增大，达到最大值 F（超过此值，膜即破裂）。则力 F 应当是金属丝重力 mg 与薄膜拉引金属丝的表面张力 F' 之和。由于液膜有两个表面，若每个表面的力为 F'，则由

$$F = mg + 2F'$$

得
$$F' = \frac{F - mg}{2} \tag{6-1}$$

显然，表面张力 F' 是存在于液体表面上任何一条分界线两侧间的液体的相互作用拉力，其方向沿着液体表面且垂直于该分界线。表面张力 F' 的大小与分界线的长度成正比。即

$$F' = l \cdot \sigma \qquad (6\text{-}2)$$

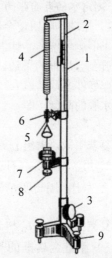

图 6-1

式中 σ 称为表面张力系数，根据式（6-1）、（6-2）可得

$$\sigma = \frac{F - mg}{2l} \qquad (6\text{-}3)$$

表面张力系数 σ 的单位是 N/m。表面张力系数与液体的性质有关，密度小而易挥发的液体 σ 小，反之 σ 较大；表面张力系数还与杂质和温度有关，液体中掺入某些杂质可以增加 σ，而掺入另一些杂质可能会减小 σ；温度升高，表面张力系数 σ 将降低。

测定表面张力系数的关键是测量表面张力 F'。用普通的弹簧是很难迅速测出液膜即将破裂时的 F 的，应用焦利氏秤则克服了这一困难，可以方便地测量表面张力 F'。

【仪器介绍】

焦利氏秤是弹簧秤的一种，焦利氏秤由固定在底座上的秤框、可升降的金属杆和锥形弹簧等部分组成，如图 6-2 所示。在秤框上固定有下部可调节的载物平台、作为平衡参考点用的玻璃管和作弹簧伸长量读数用的游标；升降杆位于秤框内部，其上部有刻度，用以读出高度，框顶端带有螺旋，供固定锥形弹簧秤用，杆的上升和下降由位于秤框下端的升降钮控制；锥形弹簧秤由锥形弹簧、带小镜子的金属挂钩及砝码盘组成。带镜子的挂钩从平衡指示玻璃管内穿过，且不与玻璃管相碰。

焦利氏秤和普通的弹簧秤有所不同：普通的弹簧秤是固定上端，通过下端移动的距离来称衡；而焦利氏秤则是在测量过程中保持下端固定在某一位置，靠上端的位移大小来称

1—秤框；2—升降金属杆；
3—升降钮；4—锥形弹簧；
5—带小镜子的挂钩；6—平衡指示玻璃管；7—平台；
8—平台调节螺丝；9—底角螺丝；

图 6-2 焦利氏秤

衡。其次，为了克服因弹簧自重引起弹性系数的变化，把弹簧做成锥形。由于焦利氏秤的特点，在使用中应保持让小镜中的指示横线、平衡指示玻璃管上的刻度线及其在小镜中的像三者对齐，简称为三线对齐，作为弹簧下端的固定起算点。

焦利氏秤上常有几个 k 值不同的弹簧，根据实验时所测力的最大值及测量精密度的要求而选用劲度系数恰当的弹簧。

在测量固体或液体密度、表面张力实验中常使用焦利氏秤，使用时调底脚螺丝使弹簧下的吊线正好通过孔的中间。

【实验内容及步骤】

1. 测定弹簧的劲度系数 k

如图 6-2 所示将弹簧挂在焦利氏秤上，调节支架底脚螺丝，使十字线的竖线穿过平面镜支架上小圆孔的中心，这时弹簧将与立柱平行。

在秤盘上加 1.00g 砝码，旋转升降钮使弹簧上升，当十字线的横线、横线的像及镜面标线三者相重合时为止（以下称三者相重合时十字线的横线位置为零点）。用游标读出标尺之值 l，以后每加 0.50g 砝码测一次 l，直至加到 3.50g 后再逐渐减下来。将数据按所加的多少分成两组，用逐差法求出劲度系数 k 之值。

2. 测定水的表面张力系数

（1）扭动升降钮使金属框下降，金属框上的横丝刚要和玻璃皿的水面接触，从主柱上的游标读出立柱上的刻度值为 L_0。旋转平台调节螺丝使平台上玻璃皿的水面上升到金属框的下边，再扭动升降钮轻轻向上拉起弹簧直到水膜破坏为止，再读出游标处立柱之值 L，则两次读数的差值（$L - L_0$）等于拉起水膜时弹簧的伸长加上水膜的高度，即

$$F - mg = \left[(L - L_0) - h \right] k \tag{6-4}$$

重复若干次，求出 L_0 和 L 的平均值。

（2）用一细的金属杆代替弹簧，同上做拉断水膜的操作，这时的两次读数 L_0' 和 L' 之差等于水膜高度 h，即

$$h = L' - L_0' \tag{6-5}$$

重复测量，求出 L_0' 和 L' 的平均值，求出 h。

（3）测量金属框的长度 l，金属框的宽度很小，$d \ll l$，可忽略不计，$m'g \ll mg$，金属框所沾液体的重量 $m'g$ 可不计。

（4）计算出表面张力系数 $\sigma = \dfrac{(L - L_0) - h}{2l} k$。

【注意事项】

（1）水的表面若有少许污染，其表面张力系数将有明显的变化，因此玻璃皿中的水及金属丝必须保持十分洁净，不许用手触摸玻璃皿的里侧和金属框，也不

要用手触及水面。每次实验前要用酒精擦拭玻璃皿和金属框，并用蒸馏水冲洗。

（2）测表面张力时动作要缓慢，要防止仪器受振动，以免水膜过早破裂。

（3）使用弹簧要小心，不要用手任意拉扯弹簧，加载量不可超过规定值，以防止弹簧产生残余形变。用毕应立即放回盒内。

【参考数据表格】

表 6-1　测量弹簧劲度系数 k

量＼次	1	2	3	4	5	6
砝码（mg）	0	500	1000	1500	2000	2500
弹簧位置 L_i						

逐差	$L_4 - L_1$	$L_5 - L_2$	$L_6 - L_3$	平均值
ΔM（mg）				
Δl（mm）				

表 6-2　张力引起的伸长量 ΔS

量＼次	1	2	3	4	5		
S_1（mm）							
S_2（mm）						平均	$S_{\overline{(\Delta s)}}$
$\Delta S=|S_1-S_2|$							

表 6-3　测水膜高度 h

量＼次	1	2	3	4	5		
h_1（mm）							
h_2（mm）						平均	$S_{\overline{(\Delta h)}}$
$\Delta h=|h_1-h_2|$							

表 6-4　用游标卡尺测量金属框长度 d

量＼次	1	2	3	4	5	平均	$S_{\overline{(l)}}$
d（mm）							

【实验数据处理】

1. 根据胡克定律 $F = -k\Delta L$ 求出弹簧的劲度系数 k。

2. 根据公式 $\sigma = \dfrac{(L - L_0) - h}{2l}k$ 计算出液体表面张力系数。

【思考题】

1. 说明为使测出的表面张力系数 σ 能测出三位有效数字，对所用弹簧的倔强系数应有何要求。

2. 你在实验中发现引起测量误差的主要原因是什么？在实验中哪一步骤特别重要？

3. 为什么要求三线对齐后才能读数？

实验七　固体线膨胀系数的测定

【实验目的】

1. 了解金属热膨胀现象，掌握测金属杆线膨胀系数的方法；
2. 学习掌握用光杠杆测微小长度变化。

【仪器及用具】

固体线膨胀系数测定仪、光杠杆、望远镜及标尺、米尺、游标卡尺

【实验原理】

大多数物体都有热胀冷缩的特性。这是因为温度升高时，组成这些物体的分子热运动能量增大，从而使分子间的距离增大，也就是物体的线度增大，而且是各个线度都增大，我们把物体线度的增大称为线膨胀。

固体长度一般也随温度的升高而增加，其长度 L 与温度 t 之间的关系式为：

$$L = L_0(1 + \alpha t + \beta t^2 + \cdots\cdots) \tag{7-1}$$

其中 L_0 是温度 $t = 0℃$ 时固体的长度（要求固体的长度远大于截面的直径），α、β 是和被测物质有关的常数，都是很小的数值，而且 β 以下各系数和 α 相比甚小，常温下可以忽略，所以（7-1）式可以写成

$$L = L_0(1 + \alpha t) \tag{7-2}$$

此处 α 就是通常所称的线胀系数，单位是 $℃^{-1}$。

设温度 t_1 时物体长度为 L，温度升至 t_2 时其长度增加 ΔL，根据（7-2）式可得：

$$L = L_0(1 + \alpha t_1) \qquad L + \Delta L = L_0(1 + \alpha t_2)$$

由此两式消去 L_0 整理后得出：

$$\alpha = \frac{\Delta L}{L(t_2 - t_1) - \Delta L t_1} \tag{7-3}$$

由于 ΔL 和 L 相比甚小，$L(t_2 - t_1) \gg \Delta L t_1$，所以（7-3）式可以近似写为：

$$\alpha = \frac{\Delta L}{L(t_2 - t_1)} \tag{7-4}$$

至此，本试验的关键在于测定微小长度的变化，为此采用光杠杆法进行测量。

由光杠杆公式：

$$\Delta L = \frac{K(n_2 - n_1)}{2D} \tag{7-5}$$

将（7-5）式代入（7-4）式可得：

$$\alpha = \frac{K(n_2 - n_1)}{2DL(t_2 - t_1)} \tag{7-6}$$

由此可知，测出 L、t_1、t_2、D、K、n_1 和 n_2 即可求得固体金属杆的线膨胀系数 α。

【实验装置】

本实验装置主要包括固体线膨胀系数测定仪、光杠杆、望远镜及标尺、米尺、游标卡尺。

整个实验装置（图 7-1）分两个部分。一部分是固体线胀系数测定仪，功能是加热固体物，并在控制面板上可以直接读出待测杆的温度。控制面板上有两个档位，分别是测温和预置，把控制开关拨到测温档，就可以记录被测物体各个时段的温度；当把控制开关拨到预置档，可以按预置按钮设置预热温度，设定后仪器经一分钟确认后开始加热，加热时面板上的红色指示灯亮，停止加热后熄灭。

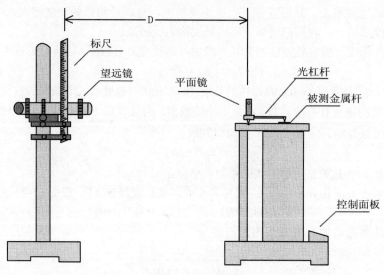

图 7-1 实验装置

另外一部分是用光杠杆法来测量微小长度变化的装置，包括光杠杆及望远镜尺组。光杠杆法就是利用光的反射原理，把被测固体物的微小长度变化转化为镜中标尺读数的变化。它反应灵敏，简便可靠，准确度较高，是常用的测量微小长度变化的方法。

光杠杆上端有小镜，下面有三只底脚，两只脚放在支架上端的平台上面，另一只独脚放在被测金属杆的上端中间位置。由于金属杆在温度变化时的伸缩，使光杠杆的独脚以双脚尖的连线为轴转动。与此同时镜面也随之转动，确定镜面的转角大小后即可获得伸长量的大小。如图 7-2 所示，当温度升高时，金属杆线度变大，伸长 ΔL ，这时光杠杆镜面向前倾斜 θ 角，后足绕两前足尖的连线也转过了 θ 角，有 $tg\theta = \dfrac{\Delta L}{K}$ ， K 为光杠杆前后脚之间的垂直距离。

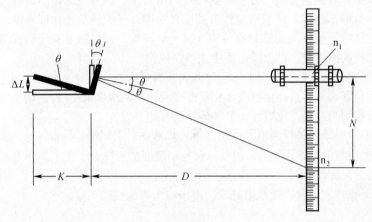

图 7-2

在金属杆未发生膨胀前，在望远镜里的读数为 n_1，待测固体物受热膨胀 ΔL 后，即光杠杆转过了 θ 角后，在望远镜里的读数为 n_2，前后两次的读数差为：$N = n_2 - n_1$。镜面转过 θ 角后，镜面的法线也转过 θ 角，根据光的反射定律，反射线将转过 2θ 角。设 D 为标尺到光杠杆镜面（双脚连线）的距离，则有 $tg2\theta = \dfrac{N}{D}$。在这里，因为 ΔL 很小，转过的 θ 角也很小，如图 7-2 所示的 θ 角是被夸大了。所以

$$tg\theta \approx \theta \ , \quad tg2\theta \approx 2\theta \quad \Rightarrow 2tg\theta = tg2\theta$$

由此得出：$2\dfrac{\Delta L}{K} = \dfrac{N}{D} \quad \Rightarrow \quad \Delta L = \dfrac{K(n_2 - n_1)}{2D}$ 。

由此可见，只要测出 K、D 和 N，即可求出被测物体的微小长度变化。这就是用光杠杆及望远镜尺组测量微小长度变化的方法。

【实验内容与步骤】

本实验使用的 GXC-S 型控温式固体线胀系数测定仪，采用电热法测定金属线胀系数。具体操作步骤如下：

（1）将电源开关打开，记录固体物质的初温为 t_1。把被测金属杆取出，用米尺测量其长度 L，然后把被测杆慢慢放入孔中，直到被测杆末端接触底面。

（2）安放光杠杆，使光杠杆的后脚尖落在被测金属杆顶端而双脚尖端落在线胀系数测定仪平台上的凹槽内。同时，使光杠杆的三个足尖水平，平面镜镜面竖直。

（3）把望远镜尺组放在离光杠杆镜面约 1.5 米处，尽量使望远镜和光杠杆等高，望远镜光轴水平，标尺和望远镜垂直。调整望远镜时，先从望远镜外侧沿镜筒的方向观察，看镜筒轴线的延长线是否通过光杠杆的镜面，以及小镜内是否有标尺的像；若无，轻轻移动底座，并略微转动望远镜，保持镜筒轴线始终对准光杠杆的镜面，直到沿镜筒上方能看到标尺的像为止。调节望远镜的目镜，看清十字叉丝。再调节物镜，使能清楚地看到标尺的像。仔细调节光杠杆小镜的倾角以及标尺的高度，使标尺的零刻线与望远镜光轴等高，标尺的零刻线恰好落在望远镜十字叉丝的横线上。以上操作要注意消除视差。

（4）将线胀系数测定仪上的预置开关拨到预置档，此时温度表上显示"Lo"符号，按预置调节按钮预置温度（预置温度应比控制温度低 1 度）。调节完毕，把预置开关拨回测温端，仪器经 1 分钟确认后开始升温。

（5）待温度升至被测值时开始测量。记录标尺读数 n_2。

（6）切断电源停止加热，测量标尺与小镜面的距离 D。然后取下光杠杆，在纸上压出三只脚的尖端印痕，作图，用游标卡尺量出前后脚之间的垂直距离 K。

（7）整理实验台。做数据处理，得出被测物的线胀系数。

【注意事项】

（1）测量过程中，要注意始终保持光杠杆及望远镜尺组的稳定。

（2）当温度首次达到预置值时温度将超过 +4 ℃，此为正常。以后将维持在误差范围内（20℃ ~ 70℃时 ±1 ℃，其他温度 ±2 ℃）。

（3）温度预置过高时，加热后显示温度超过 110℃数显会溢出，不能进行测量。应关机后待温度降低后再重新测量（预置温度最好不要超过 105℃）。

【思考题】

1. 本实验的测量顺序对实验结果有什么影响？试举例说明。

2. 将一线胀系数为 α、重 Wg 的金属块，悬在某液体中称量时，液体温度为 t_1 时视重为 W_1g，液体温度为 t_2 时视重为 W_2g，求液体的体胀系数？（固体的体胀系数是其线胀系数的 3 倍。）

【参考数据表格】

量 次	L (cm)	n_1 (cm)	t_1 (℃)	n_2 (cm)	t_2 (℃)	D (cm)	K (cm)
1							
2							

【附表】

表 7-1　几种固体的线胀系数（101325Pa）

物质	温度℃	线胀系数 ×10⁻⁶℃⁻¹	物质	温度℃	线胀系数 ×10⁻⁶℃⁻¹
金	0～100	14.3	铂	0～100	9.1
银	0～100	19.6	钨	0～100	4.5
铜	0～100	17.1	大理石	25～100	5～16
铁	0～100	12.2	玻璃	0～300	8～10
铝	0～100	23.8	碳素钢	0～100	12
锌	0～100	32	不锈钢	20～100	16.0

实验八　欧姆定律的应用

【实验目的】

1．熟悉电学测量的基本线路，掌握电表的接线方法；
2．学会正确使用电压表、电流表、电阻箱和滑线变阻器；
3．学习用伏安法测电阻，通过设计不同接线方式以减小不确定度；
4．学习根据仪表等级记录有效数字；
5．验证欧姆定律。

【仪器及用具】

直流稳压电源、电压表、电流表、滑线变阻器、开关、待测电阻、导线

【实验原理】

欧姆定律是电路中最基本的定律，它反映了电流、电压和电阻之间相互联系的规律，可用来解决有关电路的很多实际问题。在电流、电压、电阻这三个物理量中，只要知道其中的任意两个量，就可以求出第三个量。

通过电路中一个导体的电流 I 与该导体两端的电压 U 成正比，与该导体的电阻 R 成反比，这个规律就是欧姆定律。可表示为：

$$I = \frac{U}{R} \tag{8-1}$$

在国际单位制中，电流单位为安培，电压单位为伏特，电阻单位为欧姆。式（8-1）也可写成：

$$R = \frac{U}{I} \tag{8-2}$$

若用电压表测得电阻两端的电压 U，同时用电流表测出通过该电阻的电流 I，由式（8-2）即可求出电阻 R。这种用电表直接测出电压和电流数值，由欧姆定律计算电阻的方法，称为伏安法。伏安法测电阻原理简单，测量方便，尤其适用于测量非线性电阻的伏安特性。但是用这种方法进行测量时，电表的内阻对测量结果有一定的影响，应根据不同的情况采用不同的接线方法。下面就对电表内阻的影响进行简单的分析讨论。

实验应用欧姆定律进行测量时，线路有两种接线方法，即安培计内接和安培计外接，线路如图 8-1 和图 8-2 所示。下面就两种电路对电表内阻的影响进行简单的分析讨论。

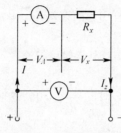
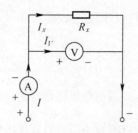

图 8-1　安培计内接　　　　　图 8-2　安培计外接

1. 安培计内接

在图 8-1 中，毫安表测出的是流过 R_x 的电流 I_x，但伏特表测出的 V 不是 V_x，而是 $V_x + V_A$（V_A 是毫安表内阻上的电压降）。由于毫安表的内阻 $R_A \neq 0$，给电压测量带来了误差，这将使测量的电阻偏大，即

$$R_{测} = \frac{V}{I_x} = \frac{V_x + V_A}{I_x} = \frac{V_x}{I_x} + \frac{V_A}{I_x} = R_x + R_A = R_x(1 + \frac{R_A}{R_x}) \tag{8-3}$$

式中 R_A 为毫安表的内阻。线路引起的绝对误差：

$$\Delta R_x = R_{测} - R_x = R_A$$

$$R_x = R_{测} - R_A$$

相对误差：

$$\frac{\Delta R_x}{R_x} = \frac{R_A}{R_x}$$

R_A / R_x 是安培计内接时给测量带来的误差，因 $\Delta R_x = R_A > 0$，说明安培计内接时使测得电阻值 $R_{测}$ 永远比真值 R_x 大，这是由于测量方法不完善而引起的系统误差，若准确知道安培计内阻 R_A，则可对测量结果进行修正。

由（8-3）式可知，若 $R_A \ll R_x$ 时，$\frac{R_A}{R_x} \approx 0$，则接入误差 $\frac{R_A}{R_x}$ 可以忽略不计。因此，在测量较大电阻时（$R_x \gg R_A$ 时）宜采用安培计内接的方法。

2. 安培计外接

在图 8-2 中，伏特计测出的 V_x 是 R_x 两端电压，而安培计测出的电流 I 却是 $I_x + I_V$，因此由 V_x 和 I 计算出的电阻 $R_{测}$ 与被测电阻 R_x 之间存在一定的误差，即

$$R_{测} = \frac{V_x}{I} = \frac{V_x}{I_x + I_V} = \frac{1}{\frac{I_x}{V_x} + \frac{I_V}{V_x}} = \frac{1}{\frac{1}{R_x} + \frac{1}{R_V}} = \frac{R_V \cdot R_x}{R_V + R_x}$$

$$\Delta R_x = R_{测} - R_x = \frac{R_V \cdot R_x}{R_V + R_x} - R_x = -\frac{R_x^2}{R_V + R_x}$$

$$\frac{\Delta R_x}{R_x} = -\frac{R_x}{R_V + R_x} \tag{8-4}$$

实验八　欧姆定律的应用

由于伏特计内阻 $R_V \neq \infty$，因此 $\dfrac{\Delta R_X}{R_X} \neq 0$，这样引起的误差 $\Delta R_X = R_{测} - R_X < 0$，

使测得的电阻值永远小于真值。$-\dfrac{R_X}{R_V + R_X}$ 是安培计外接时引起的接入误差。当 R_V

已知时，可以对测量结果进行修正。当 $R_X \ll R_V$ 时，$\dfrac{\Delta R_X}{R_X} \approx 0$，这时接入误差可

忽略不计，所以测较小电阻时宜采用安培计外接法。

　　由以上两种线路连接方法分析可知，不同电路会引起不同的接入误差，在实验中要根据被测电阻的大小适当选择测量线路，尽量消除接入误差，以求测量的高准确度。在接入误差可以忽略的情况下，测量结果的误差由仪表等级决定。

【仪器介绍】

　1. 滑动变阻器

　　滑线变阻器如图 8-3（a）所示，原理符号如图 8-3（b）所示，电阻丝密绕在绝缘瓷管上，两端分别与固定在瓷管上的接线柱 A、B 相连，电阻丝上涂有绝缘层，使圈与圈之间互相绝缘，瓷管上方装有一根和瓷管平行的金属棒，一端联有接线柱 C，棒上还套有滑动接触器，它紧压在电阻圈上，接触器与线圈处的绝缘物已被刮破，所以接触器沿金属棒滑动时就可以改变 AC 或 BC 之间的电阻。

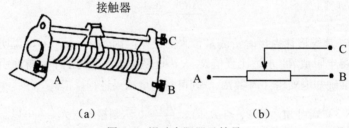

图 8-3　滑动变阻器及符号

变阻器的规格是：

①AB 间的电阻；

②额定电流（变阻器所允许通过的最大电流）。

　　滑动变阻器在电路中既可以作限流器用，也可以作分压器用。如何选用这两种不同的形式，应由电路中的需要来决定的。

　　滑线变阻器的两种接法：

　（1）制流电路。

　　如图 8-4 所示，A 端和 C 端联在电路中，B 端空着不用，当滑动 C 时，整个回路电阻改变了，因此电流也变了，所以叫制流电路。当 C 滑动到 B 端时，变阻器全部电阻串入回路，R_{AC} 最大，回路电流最小。

为保证安全，在接通电源前，一般应使 C 滑到 B 端，使 R_{AC} 最大，电流最小，以后逐步减少电阻，使电流增至所需值。

（2）分压电路。

如图 8-5 所示，变阻器的两个固定端 A、B 分别与电源的两极相联，滑动端 C 和一个固定端 A（或 B，图中用 A）联接到用电部分。V_{AB} 是 AC 间电压 V_{AC} 和 CB 之间电压 V_{CB} 之和，所以输出电压 V_{AC} 可以看作是 V_{AB} 的一部分。随着滑动点 C 的位置改变，V_{AC} 也随着变化，当 C 滑到 B 端时，$V_{AC} = V_{AB}$ 输出电压最大，当 C 滑至 A 端时，$V_{AC} = 0$，所以输出电压可以调到从零到电源电压的任意数值上。

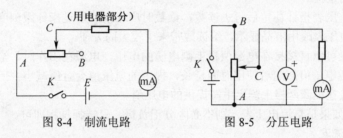

图 8-4　制流电路　　　　　图 8-5　分压电路

2. 电压表

电压表应用方法如下：

（1）观察电压表的指针是否在零线上，若不在零线上，可用螺丝刀调节表盘下的调节螺母，使指针指在零线上，如图 8-6 所示。

图 8-6　电压表

（2）估计被测电压的大小，选择合适量程的电压表，所测电压值约等于量程的 70% 时，测量效果最好，如果估计不出被测电压的值的大小，可从最大量程试起。

（3）选好量程后，把电压表并联在所测电路的两端，让电流从 "+" 线接线柱流入，从 "−" 接线柱流出，如果把电压表的 "+"、"−" 接线柱接反了，电压表的指针将向相反方向摆动，这样不但不能测出电压的大小，还有可能打坏电压表的指针。

（4）把电压表正确接入电路中，不要急于闭合开关进行测量，应用开关的动触头去试触开关的静触头，同时观察电压表的指针。

①如果电压表指针不动，说明电路中有开路处，应检查一遍电路的连接情况，尤其是接线柱处是否接触良好。

②如果电压表指针反向偏转，说明电压表的"+"、"-"接线柱接反了，应重接一遍。

③如果电压表指针偏转过大，超过了所选量程的最大值，说明所选量程小，应换一个较大的量程。

④如果电压表指针偏转过小，甚至都不到一个小格，说明所选量程大，应换一个较小的量程。

应等电压表指针稳定后再去读数，读数时应让视线通过指针跟刻度盘垂直，现在有些电压表改用液晶显示，给读数带来了较大的方便。

电压表可以直接接在电源两极上测电源的电压，电源在工作时，给电路两端提供一定的电压值，随着使用时间延长，提供的电压值会有所减小，所以常把电压表直接接在电源两极上测出电源提供的电压值。

（5）如果是交流电压表，则不必区分正负极，只选择量程即可。

3. 电流表

（1）电流表必须串联在电路中，否则会发生短路，电流表如图8-7所示；

（2）电流要从"+"接线柱入，从"-"接线柱出，否则指针反转；

（3）被测电流不要超过电流表的量程，可以采用试触的方法来看是否超过量程；

（4）绝对不允许不经过用电器而把电流表连到电源的两极上，因电流表内阻很小，相当于一根导线，若将电流表连到电源的两极上，轻则指针打歪，重则烧坏电流表、电源、导线。

图8-7 电流表

【实验内容】

1. 用内接法测电阻

（1）已知待测电阻大约620Ω，额定功率为2W，要求测量误差不超过2.5%，由以上条件选择适当的电压表和电流表的等级和量程。

（2）按图8-5连好线路，确定电源电压取值的大小，改变每次加在电阻两端电压的大小，测出相应的电流值。

2. 用外接法测电阻

同一个待测电阻按图8-2连接线路，操作方法同上。

分别计算两种测量结果的不确定度，修正接线方法误差后，分别写出内接法和外接法的结果表达式。

【参考数据表格】

内接	I（mA）						
	U（V）	2.50	5.00	7.50	10.00	12.50	
	R（Ω）						$\overline{R}_x =$
外接	I（mA）						
	U（V）	2.50	5.00	7.50	10.00	12.50	
	R（Ω）						$\overline{R}_x =$

【数据处理】

内接：

A 类不确定度：$S_{\overline{R}} = \sqrt{\dfrac{\sum(R_i - \overline{R}_x)^2}{n(n-1)}}$ B 类不确定度：$u_j = 0.17\Omega$

合成不确定度：$u_{C(R)} = \sqrt{S_{\overline{R}}^2 + u_j^2}$

结果表达式：

$$\begin{cases} R_x = \overline{R}_x \pm u_{C(\overline{R})} \\ E = \dfrac{u_{C(\overline{R})}}{R_x} \times 100\% \end{cases}$$

外接处理方法同内接。

实验九 伏安特性曲线

【实验目的】

1. 测绘电阻、灯泡、二极管的伏安特性曲线；
2. 通过二极管的伏安特性曲线，加深对半导体二极管伏安特性的感性认识；
3. 了解线性电阻和非线性电阻的伏安特性。

【仪器及用具】

直流稳压电源、电压表、电流表、碳膜电阻、晶体二极管、小灯泡、导线

【实验原理】

电阻是电学中最常用到的物理量之一，我们有很多方法可以测量电子组件的电阻，利用欧姆定律来求导体电阻的方法称为伏安法，其中，伏安法是测量电阻的基本方法之一。为了研究元件的导电性，我们通常测量出其两端电压与通过它的电流之间的关系，然后作出其伏安特性曲线，根据曲线的走势来判断元件的特性，在温度不变的条件，伏安特性曲线是直线的元件称为线性元件，伏安特性曲线不是直线的元件称为非线性元件，这两种元件的电阻都可以用伏安法来测量。一般金属导体的电阻是线性电阻，它与外加电压的大小和方向无关，其伏安特性是一条直线，如图 9-1 所示，直线通过 I、III 象限，即当换电阻两端电压的极性时，电流也换向，而电阻始终为一定值，等于直线的斜率。

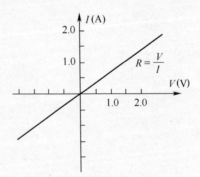

图 9-1 伏安特性曲线（一般金属导体）

常用的晶体二极管是非线性电阻，其电阻值不仅与外加电压的大小有关，而且还与方向有关。把电压加到二极管上，如在二极管的正端接高电位，负端接低

电位（称为加正向电压），电路中有较大的电流，随着正向电压的增加，电流 I 也增加，但电流 I 的大小并不和电压 V 成正比。如果在二极管上加反向电压，电路中的电流很微弱，其电流和电压也不成正比。把正向电压 V 和正向电流 I，反向电压 V 和反向电流 I 的对应关系作图，得出如图 9-2 所示的曲线。

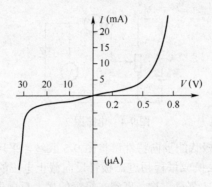

图 9-2 伏安特性曲线（晶体二极管）

采用伏安法测电阻，有两种接线方式，即电压表的外接和内接（或称为电流表的内接和外接）。不论采取哪种方式，由于电表本身有一定的内阻，测量时电表被引入电路，必然会对测量结果有一定的影响，因此，我们在测量过程中必须对测量结果进行必要的修正，以减小误差。

【实验内容及步骤】

1. 测绘碳膜电阻的伏安特性曲线

（1）按图 9-3 接好线路，图中电阻 $R \gg R_g$（R_g 是毫安表内阻），电源接入电路前将电压表的示数调到零。

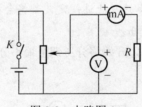

图 9-3 电路图 1

（2）接通电源，调节滑线变阻器的滑动头，从零开始，逐步增大电压，读出相应的电流值，记录数据。

（3）以电压为横坐标，电流为纵坐标，绘出电阻的伏安特性曲线。

2. 测绘二极管的伏安特性曲线

（1）选择二极管（为了测出反向电流的数值，采用锗管），看清其主要参数，即了解二极管的最大正向电流和最大反向电压，再判断二极管的正负极。

（2）测二极管的正向特性曲线，可按 9-4 电路联线：电压表的量限取 1～1.5V 左右，接通电源，缓慢增加电压，从零开始每隔 0.1V 测量一次（在电流变化大的地方电压间隔应取小一些），直到电流达到二极管的最大正向电流为止。

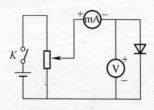

图 9-4　电路图 2

（3）测量晶体二极管的反向特性可按图 9-5 联线，采用安培计内接，将电流表换成微安表，电压表换成量程超过二极管反向截止电压的电压表。接通电源，逐步改变电压，每隔 2V 测量一次，直到二极管的最大反向电压值为止，读出相应的电流值。

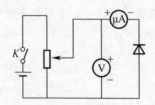

图 9-5　电路图 3

注意：测晶体二极管正向伏安特性时，毫安表读数不得超过二极管允许的最大正向电流值；测晶体管反向伏安特性时，加在晶体管上的电压不得超过管子允许的最大反向电压。实验时如违反上述规定，都将会损坏晶体管。

3. 测小灯泡的伏安特性曲线

（1）按图 9-6 连接线路，开始将分压调至最小分压，小灯泡的工作电压不得超过 6V。

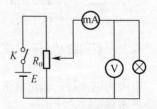

图 9-6　电路图 4

（2）接通电源，电压从最小分压每隔 0.5V 逐步增大电压，直到达到 6V 为止，测得的数据记入表格内。

4. **做出伏安特性曲线**

以电压为横轴，电流为纵轴，利用坐标轴由测得的数据做出碳膜电阻、二极管的正反向和小灯泡的伏安特性曲线。由于二级管正向电流为毫安，反向电流为微安，在纵轴上半段和下半段坐标每小格代表的电流值可以大小不同，但必须分别标清楚。

【参考数据表格】

二极管	V（V）正向电压									
	I（mA）									
	V（V）反向电压									
	I（μA）									
小灯泡	V（V）									
	I（mA）									
电阻	V（V）									
	I（mA）									

【注意事项】

（1）在电学实验中，我们首要注意的是防止电源短路，以免损坏电源。由于我们用的是可调电源，因此，在接通电路之前，应该调节电源，使其输出最小，接通电路之后，再根据实际需要，先粗调，然后再慢慢微调，使电源输出为我们所要的值。

（2）每个元件都有其最大承受电压，即额定电压，超过这个值，元件就很有可能被烧毁，因此我们在实验过程中应注意电压表的读数，使之不超过元件的额定电压。

（3）在读数时，一定要保证两表的示数不变动，若有一表的示数在跳动，则应继续微调，以减小试验误差。

【思考题】

1. 图 9-4 和图 9-5 电路接法有何不同？为什么要采用不同的接法。
2. 不同亮度时，灯泡的电阻有无变化？为什么？

实验九　伏安特性曲线

67

实验十　示波器的调整与使用

【实验目的】

1．了解双通道示波器的结构和波形显示原理；
2．掌握示波器低频信号发生器的使用方法；
3．掌握利用李萨如图形测正弦信号频率的原理及方法。

【仪器及用具】

示波器、低频信号发生器、多种信号发生器

【实验原理】

示波器是利用电子示波管的特性，将人眼无法直接观测的交变电信号转换成图像，显示在荧光屏上以便测量的电子测量仪器。它是观察数字电路实验现象、分析实验中的问题、测量实验结果必不可少的重要仪器。示波器由示波管和电源系统、同步系统、X 轴偏转系统、Y 轴偏转系统、延迟扫描系统、标准信号源组成。

示波器显示电信号波形的核心器件是示波管，它可分为三部分：电子枪、X 轴及 Y 轴偏转板、荧光屏，如图 10-1 所示。

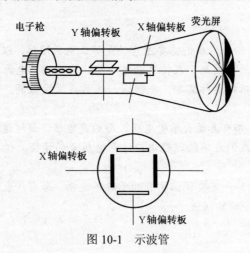

图 10-1　示波管

如果在 X 轴偏转板上加波形为锯齿形的电压如图 10-2（a）所示，锯齿电压的特点是：电压从负开始（$t = t_0$）随时间成正比地增加到正（$t_0 < t < t_1$）；然后又突然回到负（$t = t_1$），再从此开始与时间成正比地增加（$t_1 < t < t_2$）……，这时电子束在荧光屏上的亮点就会做相应的运动，亮点由左（$t = t_0$）匀速地向右运动

（$t_0 < t < t_1$），到右端后马上回到左端（$t = t_1$），然后再从左匀速地向右运动
（$t_1 < t < t_2$）……，亮点只沿横向运动，我们在荧光屏上看到的是一条水平线，
如图 10-2（b）所示。

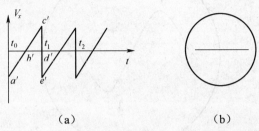

（a）　　　　　　　　　　（b）

图 10-2　在 X 轴偏转板上加波形为锯齿形的电压

　　如果在纵偏转板上加正弦电压，如图 10-3（a）所示，而横偏转板上不加任何
电压，则电子束的亮点纵方向随时间作正弦式振荡，在横方向不动（因没有电压
作用），我们看到的是一条垂直的亮线，如图 10-3（b）所示。

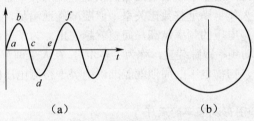

（a）　　　　　　　　　　（b）

图 10-3　在 Y 轴偏转板上加正弦电压

　　如果在纵偏转板上加正弦电压，同时又在横偏转板上加锯齿波电压，则荧光
屏上的亮点将同时进行方向相互垂直的两种位移，我们看见的是亮点的合成位移，
如果正弦波的周期与锯齿波的周期相同，对于正弦电压的 a 点，锯齿形电压是负
值 a'，亮点在荧光屏上处 a''；对于正弦电压的 b 点，对应着锯齿形电压 b' 点，亮
点在 b'' 处，……，故亮点由 a'' 经 b''、c''、d'' 到 e''，描出正弦图形如图 10-4 所示。
当亮点描完整个正弦曲线，由于锯齿电压这时马上变负，故亮点回到左边，重复
前过程，亮点第二次在同一位置上描出同一根曲线……，这时我们将看到正弦曲
线稳定地停在荧光屏上。如果正弦波与锯齿波的周期稍不同，则第二次扫描出的
曲线和第一次的曲线位置稍微错开，在荧光屏上将看见的是不稳定的图形。由以
上分析可得出如下结论：

　　（1）要看见纵偏电压的图形，必须加上横偏电压，把纵偏电压产生的垂直亮
线"展开"，这个展开过程称为"扫描"。如果扫描电压与时间成正比变化（锯齿
形扫描波），则称为线性扫描，线性扫描能把纵偏电压波形如实地描绘出来。

　　（2）只有纵偏电压与横偏电压频率严格地相同，或后者是前者的整数倍，图
形才会简单而稳定，用公式表示为：

$$f_y/f_x = n \qquad n = 1, 2, 3 \cdots\cdots \qquad (10\text{-}1)$$

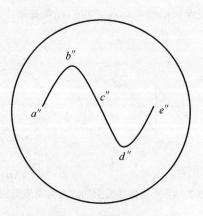

图 10-4　正弦图形

由于纵偏电压和横偏电压的振荡源是相互独立的，它们之间的频率比不会自动满足简单的整数比，所以示波器中的锯齿扫描电压的频率必须可调，细心调节它的频率，就可以大体上满足整数比关系，但要准确地满足，光靠人工调节还是不够的，特别是待测电压的频率越高，问题就越突出。为了解决这一问题，在示波器内部加装了自动频率跟踪装置，称为"整步"，在人工调节到接近整数倍时，再加上整步的作用，扫描电压的周期就能准确地等于待测电压的整数倍，从而获得稳定的图形。

1. 利用李萨如图形测频率的原理

在示波器 X 轴和 Y 轴同时各输入正弦信号时，光点的运动是两个相互垂直谐振动的合成，若它们的频率的比值 $f_x: f_y$ 为整数时，合成的轨迹是一个封闭的图形，称为李萨如图。李萨如图的图形与频率比和两信号的位相差都有关系，但李萨如图与两信号的频率比有如下简单的关系

$$\frac{f_y}{f_x} = \frac{n_x}{n_y} \qquad\qquad (10\text{-}2)$$

n_x, n_y 分别为李萨如图的外切水平线的切点数和外切垂直线的切点数，如图 10-5 所示。

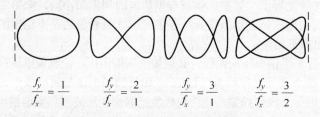

$$\frac{f_y}{f_x} = \frac{1}{1} \qquad \frac{f_y}{f_x} = \frac{2}{1} \qquad \frac{f_y}{f_x} = \frac{3}{1} \qquad \frac{f_y}{f_x} = \frac{3}{2}$$

图 10-5　利用李萨如图形测频率

因此，如 f_x、f_y 中有一个已知且观察它们形成的利萨如图，得到外切水平线和外切垂直线的切点数之比，即可测出另一个信号的频率。实验时，X 轴输入某一频率的正弦信号作为标准信号，Y 轴输入一待测信号，调节 Y 轴信号的频率，分别得到三种不同的 $n_x{:}n_y$ 的利萨如图，计算出 f，读出 Y 轴输入信号发生器的频率 f'_y。

2. 利用李萨如图形测相位差

设有频率相同相位差为 φ 的两个正弦信号分别为：

$$x = A\sin\omega t \tag{10-3}$$
$$y = B\sin(\omega t + \varphi) \tag{10-4}$$

将这两个信号分别输入示波器的 X、Y 轴，得到如图 10-6 所示的李萨如图形。

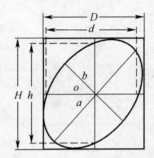

图 10-6   利用李萨如图形测相位差

根据（10-3）、（10-4）式，在 $\omega t = 0$ 时，$x = 0$，$y = B\sin\varphi$，故 $\sin\varphi = y/B = 2y/2B$，令 $2y = h$，$2B = H$，则 $\sin\varphi = h/H$，而有

$$\varphi = \sin^{-1}\frac{h}{H} \tag{10-5}$$

根据（10-5）式，在示波器荧光屏上测得椭圆在 Y 轴上的截距 h 和垂直方向的高度 H，即可求得 φ 值。

用同样的方法可以得到：

$$\varphi = \sin^{-1}\frac{d}{D} \tag{10-6}$$

根据（10-6）式在示波器上测得椭圆在 X 轴上的截距 d 和在水平方向的宽度 D，即可求得 φ 值。

【仪器介绍】

1. 示波器

下表中列出了本实验中使用的示波器所有的控制件的名称和功能简介，如图 10-7 和表 10-1 所示。

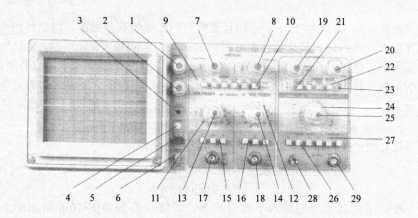

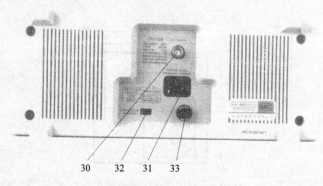

图 10-7　控制件位置图

表 10-1　控制件名称和功能简介

序号	控制件名称	功能
1	亮度（INTENSITY）	轨迹亮度调节
2	聚焦（FOCUS）	轨迹清晰度调节
3	轨迹旋转（TRACE FOTAION）	调节轨迹与水平刻度线平行
4	电源指示（POWER INDICATOR）	电源接通时指示灯亮
5	电源（POWER）	电源接通或关闭
6	校准信号（PROBE ADJUST）	提供幅度为 0.5V，频率为 1kHz 的方波信号，用于调整探头的补偿和检测垂直和水平电路的基本功能
7、8	垂直移位（VERTICAL POSITION）	调整轨迹在屏幕中的垂直位置
9	垂直方式（VERTICAL MODE）	垂直通道的工作方式选择 CH1 或 CH2：通道 1 或通道 2 单独显示 ALT：两个通道交替显示

序号	控制件名称	功能
10	通道2极性（CH2 NORM/INVERT）	通道2的极性转换，垂直方式工作在"ADD"方式时，"NORM"或"INVERT"可分别获得两个通道代数和或差的显示
11、12	电压衰减（VOLTS/DIV）	垂直偏转灵敏度的调节
13、14	微调（VARIABLE）	用于连续调节垂直偏转灵敏度
15、16	耦合方式（AC-GND-DC）	用于选择被测信号馈入至垂直的耦合方式
17、18	CH1 OR X；CH2 OR Y	被测信号的输入端口
19	水平移位（HORIZONTAL POSITION）	用于调节轨迹在屏幕中的水平位置
20	电平（LEVEL）	用于调节被测信号在某一电平触发扫描
21	触发极性（SLOPE）	用于选择信号上升或下降沿触发扫描
22	扫描方式（SWEEP MODE）	扫描方式选择： 自动（AUTO）：信号频率在20Hz以上时常用的一种扫描方式。 常态（NORM）：无触发信号时，屏幕中无轨迹显示，在被信号频率较低时选用。 单次（SINGLE）：只触发一次扫描，用于显示或拍摄非重复信号
23	被触发或准备指示（TRIG'D READY）	在被触发扫描时指示灯亮，在单次扫描时，灯亮指示扫描电路在触发等待状态
24	扫描速率（SEC/DIV）	用于调节扫描速度
25	微调、扩展（VARIABLE PULL×5）	用于连续调节扫描速度，在旋钮拉出时，扫描速度被扩大5倍
26	触发源（TRIGGER SOURCE）	用于选择产生触发的源信号
27	触发耦合（COUPLING）	用于选择触发信号的耦合方式
28	接地（⊥）	安全接地，可用于信号的连接
29	外触发输入（EXT INPUT）	在选择外触发工作时触发信号插座
30	CH1输出（CH1 OUTPUT）	用于外接频率机输入
31	电源插座	电源输入插座
32	电源设置	110V或220V电源设置
33	保险丝座	电源保险丝座

2. 低频信号发生器

低频信号发生器是为进行电子测量提供满足一定技术要求电信号的仪器设备。它除了能够输出正弦波、矩形波尖脉冲、TTL电平、单次脉冲等波形，还可以作为频率计使用，测量外输入信号的频率。

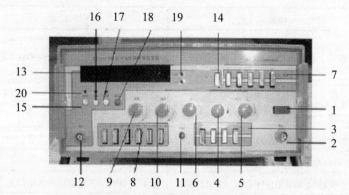

1—电源开关；2—信号输出端子；3—输出信号波形选择键；4—正弦波幅度调节旋钮；5—矩形波、尖脉冲波幅度调节旋钮；6—矩形脉冲宽度调节旋钮；7—输出信号衰减选择键；8—输出信号频段选择键；9—输出信号频率粗调旋钮；10—输出信号频率细调旋钮；11—单次脉冲旋钮；12—信号输入端子；13—六位数码显示窗口；14—频率计内测、外测功能选择键（按下：外测；弹起：内测）；15—测量频率按钮；16—测量周期按钮；17—计数按钮；18—复位按钮；19—频率或周期单位指示发光二极管；20—测量功能指示 LED

图 10-8　低频信号发生器

具体使用方法如下：

（1）使用前的准备工作。接通仪器的电源之前，应先检查电源电压是否正常，电源线及电源插头是否完好无损，通电前将输出细调电位器旋至最小，然后接通电源，打开 XD1 型低频信号发生器的开关。

（2）频率的调节。包括频段的选择和频率细调。

①频段的选择。根据所需要的频段（即频率范围），可通过按面板上的琴键开关来选择所需要的频率。例如，需要输出信号的频率为 6200Hz，该频率在 1~10kHz 的频段，故应按下 10kHz 的按键。

②频率细调。在频段按键的上方，有三个频率细调旋钮，1~10 旋钮为整数，0.1~0.9 旋钮为第一位小数，0.01~0.10 旋钮为第二位小数。选择频率时，信号频率的前三位有效数字由这三个旋钮来确定。例如，需要信号的频率为 3550Hz，则频段选择按下 10kHz 按键后，应将三个细调旋钮分别旋转到 3、0.5、0.05 的位置。

（3）输出电压的调节。低频信号发生器设有电压输出和功率输出两组端钮，这两组输出共用一个输出衰减旋钮，可做 10dB/步的衰减。但需要注意，在同一衰减位置上，电压与功率的衰减分贝数是不相同的，面板上已用不同的颜色区别表示。输出细调是由同一电位器连续调节的，这两个旋钮适当配合便可在输出端上得到所需的信号输出幅度。

调节时，首先将负载接在电压输出端钮上，然后调节输出衰减旋钮和输出细调旋钮，即可得到所需要的电压幅度信号。输出信号电压的大小可从电压表上读出，然后除以衰减倍数就是实际输出电压值。

（4）电压级的使用。从电压级可以得到较好的非线性失真系数（<0.1%）。较小的输出电压（200μV）和较好的信噪比。电压级最大可输出 5V 电压，其输出阻抗是随输出衰减的分贝数的变化而变化的。为了保持衰减的准确性及输出波形不失真（主要是在 0dB 时），电压输出端钮上的负载应大于 5kΩ 以上。

（5）功率级的使用。使用功率级时应先将功率开关按下，以将功率级输入端的信号接通。

【实验内容】

1．熟悉示波器、信号发生器的使用方法，接通电源、预热一分钟后，调整示波器、信号发生器正常工作。

2．观察波形

（1）从信号发生器取出频率为 50Hz、100Hz、500Hz、1000Hz……的正弦信号，调出稳定的波形，并观察之。

（2）从信号发生器取出方波、锯齿波、半波、全波波形，调稳定并观察之。

3．利用李萨如图形测频率

调出 f_y/f_x = 1:1、2:1、1:3、3:2、5:2 的李萨如图形，测未知信号的频率。

【思考题】

1．示波器上观察到正弦图形不断向右跑，说明锯齿波扫描信号的频率是偏高还是偏低？实际操作试一试。

2．用李萨如图形测相位差时，示波器的扫描和扫描微调钮是否起作用？为什么？

【参考数据表格】

1．观察波形

频率 波形	50Hz	100Hz	500Hz	1000Hz
正弦波				
方 波				
锯齿波				

2. 观察李萨如图形　$\dfrac{f_y}{f_x} = \dfrac{n_x}{n_y}$

f_y/f_x	1:1	2:1	1:3	3:2	5:2
图形					
n_y					
n_x					
$f(x)$Hz	50	50	50	50	50
$f(y)$Hz	50	100	16.7	75	125

实验十一 用示波器测音叉频率

【实验目的】

1. 学会音频信号－电信号的转换；
2. 进一步熟悉示波器的使用；
3. 学会应用示波器测出音叉频率。

【仪器及用具】

示波器、低频信号发生器、声电传感器、音叉

【实验原理】

有关示波器的使用及利用李萨如图形测频率的原理请参考"实验十"。示波器只能观察电信号，如果用示波器观察音叉振动时所发生的音频信号，必需将音频信号转变成电信号才能测量。一般音叉振动的固有频率为几百赫兹，利用声电传感器可把音叉振动产生的音频信号转换成同频率的电信号。将低频信号发生器输出的正弦信号输入到示波器的 X 轴，将声电传感器的信号输出口接到示波器的 Y 轴，利用低频信号发生器输出信号的频率及李萨如图形即可测得音叉的固有频率。

【实验内容】

1. 从示波器上调出音叉振动信号与低频信号发生器输出的正弦信号合成的波形。
2. 用 1:1、2:1、4:1、2:3、4:3 等几种频率比分别测音叉频率。

【参考数据表格】

f_y/f_x		1:1	2:1	4:1	2:3	4:3
图形						
n_y		1	1	1	3	3
n_x		1	2	4	2	4
$f(x)$Hz	估计	256	128	64	384	192
	测量					
$f(y)$Hz						

实验十二　直流单臂电桥

【实验目的】

1. 了解单臂电桥的构造和原理；
2. 掌握单臂电桥测电阻的方法；
3. 学会自己组桥时设计各个桥臂电阻数值及电源电压的选取；
4. 学会计算实验结果的合成不确定度。

【仪器及用具】

直流电源、电阻箱、检流计、待测电阻、导线、电源

【实验原理】

用伏安法测电阻受所用电表内阻的影响，在测量中往往引入方法误差；用欧姆表测电阻虽然较方便，但准确度不够高。因此在测量电阻时，常使用直流单臂电桥进行测量，其测量方法同电位差计一样同属于比较测量法。

单臂直流电桥通常称为惠斯通电桥，是测量电阻的最普遍的方法。

1. 单臂直流电桥工作原理

如图 12-1 所示的为惠斯通电桥线路图。四个电阻 R_1、R_2、R_0、R_x 构成一个四边形，每一条边称作电桥的一个臂。对角 A 和 C 上加电压，对角 B 和 D 之间联接检流计 G，所谓"桥"就是指 BD 这条对角线，它的作用是将"桥"的两端点的电位直接进行比较。当 BD 两点的电位相等时，检流计中无电流通过，电桥平衡。此时 $I_g = 0$，则有

$$I_2 = I_0 \qquad I_1 = I_x$$

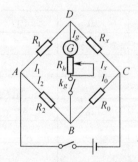

图 12-1　惠斯通电桥线路图

因为 $\qquad\qquad\qquad\qquad\qquad I_g = 0$

所以 $\qquad\qquad\qquad\qquad\qquad V_B = V_D$

可知 $\qquad\quad V_{AB} = V_{AD} \qquad I_2 R_2 = I_1 R_1 \qquad V_{CB} = V_{CD} \qquad I_0 R_0 = I_x R_x$

则 $\qquad\qquad\qquad\qquad\qquad \dfrac{R_2}{R_0} = \dfrac{R_1}{R_x}$

所以 $\qquad\qquad\qquad\qquad\qquad R_x = \dfrac{R_1}{R_2} R_0 \qquad\qquad\qquad\qquad$ （12-1）

若 R_1、R_2、R_0 已知（或 $\dfrac{R_1}{R_2}$ 和 R_0 已知），R_x 可由上式求出。

2. 单臂直流电桥的灵敏度

公式 $R_x = \dfrac{R_1}{R_2} R_0$，是在电桥平衡的条件下推导出来的，而电桥是否平衡，实际上是根据检流计有无偏转来判断的。检流计的灵敏度总是有限的，在实践中总能做到一定程度上接近于零，而不可能绝对等于零。如果我们实验室中所用的张丝式检流计指针偏转一格所对应的电流大约为 10^{-6} A，当通过它的电流比 10^{-7} A 还要小时，指针的偏转小于 0.1 格，我们就很难觉察出来。假设 $\dfrac{R_1}{R_2} = 1$ 时调到了平衡，则有 $R_x = R_0$。这时若把 R_0 改变一个量 ΔR_0，电桥就失去了平衡，从而有电流 I_g 流过检流计。如果 I_g 小到使检流计觉察不出来，那么我们就会认为电桥还是平衡的因而得出 $R_x = R_0 + \Delta R_0$，ΔR_0 就是由于检流计灵敏度不够而带来的测量误差 ΔR_0，对此我们引入电桥灵敏度 S 的概念，它定义为：

$$S = \frac{\Delta n}{\Delta R_x / R_x} \qquad\qquad\qquad （12\text{-}2）$$

ΔR_x 是在电桥平衡后 R_x 的微小改变量（实际上待测电阻 R_x 是不能变的，改变的是标准电阻 R_0），而 Δn 是由于电桥偏离平衡位置引起检流计的偏转格数。S 越大说明电桥越灵敏，带来的误差就越小，例如，S=100 格=1 格/$\dfrac{1}{100}$。也就是说电桥平衡后，R_x 只要改变 1%，检流计可以有一格偏转，通常我们能觉察 $\dfrac{1}{10}$ 格。也就是说，该电桥平衡后，R_x 只要改变 0.1%我们就可以觉察出来。这样由于电桥灵敏度的限制所带来的误差肯定小于 0.1%。

3. 单臂直流电桥的主要特点

（1）用电桥测电阻容易达到较高的准确度，这是因为电桥的实质是将未知电阻和标准电阻相比较，而制造较高精度的标准电阻并不难。用电桥测电阻时，只要检流计足够灵敏，且选用标准电阻作为桥臂，待测值可以达到其他三臂的标准电阻具有的准确度。

（2）电桥电路中的检流计只用来判断有无电流，并不需要提供读数，所以选用检流计只要求有高的灵敏度，其他方面并无苛求。

【实验内容与步骤】

1. 用电阻箱、检流计、待测电阻自己组成电桥。

2. 熟悉电阻箱的规格及误差计算。

3. 自己按待测电阻设计出各桥臂电阻的阻值及电源电压 E。

待测电阻为：
$$R_{x_1} = n \times 10^1 \Omega$$
$$R_{x_2} = n \times 10^2 \Omega$$
$$R_{x_3} = n \times 10^3 \Omega$$

方法如下：

（1）由 $R_x = \dfrac{R_1}{R_2} R_0 = K R_0$，保证 R_0 有四位有效数字，可由被测 R_x 确定出比例系数 K 值（R_0 和 R_h 用万位电阻箱）。

（2）由 $\dfrac{\Delta R}{R} = \pm(0.1 + 0.2\dfrac{m}{R})\%$ 误差公式为计算方便，忽略第二项，即 $0.01 \geqslant \dfrac{0.2m}{R}$，所以 $R \geqslant 20m$。其中 m 是电阻箱的旋钮个数，一般 m 取 4，即用 4 个旋钮的电阻箱。所以 $R \geqslant 80\Omega$ 来确定最简单的桥臂电阻值。

（3）根据电桥平衡时，由电桥两臂的额定电流及阻值分别计算所需的电源电压，然后从中选取最小的电压值即可。

4. 测电桥平衡附近的电桥灵敏度。

5. 分别测出三个电阻的准确阻值，每个电阻测五次。计算不确定度，并写出实验结果表达式。

【参考数据表格】

设计电阻		1	2	3	4	5	平均	$S_{灵} = \dfrac{\Delta n \cdot R_0}{\Delta R_0}$
$R_1 = 200\Omega$	R_0							$\Delta n = 10$
$R_2 = 2000\Omega$								$\Delta R_0 =$
$K = 0.1$	R_{x1}							$R_0 =$
$R_0 = 300\Omega$								$S_{灵} =$
$R_1 = 200\Omega$	R_0							$\Delta n = 10$
$R_2 = 200\Omega$								$\Delta R_0 =$
$K = 1$	R_{x2}							$R_0 =$
$R_0 = 200\Omega$								$S_{灵} =$

设计电阻		1	2	3	4	5	平均	$S_{灵}=\dfrac{\Delta n \cdot R_0}{\Delta R_0}$
$R_1=2000\Omega$	R_0							$\Delta n=10$
$R_2=200\Omega$ $K=10$ $R_0=120\Omega$	R_{x3}							$\Delta R_0 =$ $R_0 =$ $S_{灵} =$

【注意事项】

（1）检流计使用时，首先打开锁钮，使指针自由活动，用完后重新锁上，使用中不能使检流计长时间过载。

（2）开始操作时，电桥一般处于很不平衡状态。为防止过大的电流流过检流计，应将 R_h 电阻箱拨至最大。随着电桥逐渐接近平衡，R_h 也逐渐减少至零。

（3）严格防止电源短路，接线安排要整齐规范，防止认错桥臂造成事故。

【思考题】

1．影响电桥灵敏度有哪些因素？

2．如果桥臂间有导线断开，实验时将会出现什么现象？

3．R_h 在实验中起什么作用？

实验十三　电位差计的应用

【实验目的】

1. 掌握电位差计的工作原理、结构特点和操作方法；
2. 掌握电位差计的应用方法。

【仪器及用具】

箱式电位差计、电阻箱、电表、电源、滑动变阻器。

【实验原理】

用电位差计测量电动势（或电压），是将未知电动势（或电压）与电位差计上的已知电压相比较。它不像电压表那样要从待测线路中分流，因而不干扰待测电路，测量结果仅依赖准确度极高的标准电池和高灵敏检流计。所以，电位差计测量电压的精度较高。

如果要测未知电动势 E_x，可以将已知可调标准电源 E_0 和 E_x 的正负极相对地并接如图 13-1 所示，在回路中串联一检流计 G，通过调节 E_0 的大小使检流计指针指零。此时，这两个电源 E_0 和 E_x 的方向相反，大小相等，即 $E_0 = E_x$，我们称电路达到平衡或达到补偿。在电位达到平衡的情况下，已知 E_0 的大小就可以确定 E_x 的大小，这种测定电源电动势的方法叫补偿法。

图 13-1　补偿法原理示意图

电位差计不但用来精确测量电动势、电压、电流和电阻等，还可以用来校准电表和直流电桥等直读式仪表，在非电参量（如温度、压力、位移和速度等）的电测中也占有重要地位。

【仪器介绍】

1. 电位差计工作原理

图 13-2 是直流电位差计的原理线路图。电源 E，制流电阻 R_P，精密标准电阻

R_N 和测量补偿用电阻 R 组成一个闭合回路，称为工作回路。当开关 K 扳向"标准"位置一边时，调节 R_P，使检流计 G 指零，这时标准电池的电动势由电阻 R_N 上的压降补偿：

$$E_s = E_N = IR_N \tag{13-1}$$

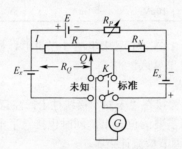

图 13-2　直流电位差计的原理线路图

式中 I 是流过 R_N 和 R 的电流，称之为电位差计的工作电流，由上式得

$$I = E_s / R_N \tag{13-2}$$

由 E_s、R_N 和检流计组成的校准工作电流 I 的回路叫校准工作电流回路。

工作电流调节好后，将开关 K 扳向"未知"一边，同时移动触头 Q，再次使检流计指零，此时触头 Q 在 R 上的读数为 R_Q，这时被测电动势或电压由电阻 R_Q 上的电压降补偿：

$$E_x = IR_Q \tag{13-3}$$

将上两式综合可得：

$$E_x = \frac{E_s}{R_N} R_Q$$

因 E_N、R_N、R_Q 都是准确已知的，所以 E_x 可被准确地测得。E_x、R_Q 和检流计 G 构成测量未知电压的电路，因此叫测量回路。

本实验使用的是 UJ36 型电位差计，它由步进读数盘以及晶体管放大检流计、电键开关、标准电池等组成。步进读数盘由 11 只 2 欧姆电阻组成，滑线盘电阻为 2.2 欧姆。

其技术性能如下：

①电位差计能在 5℃～45℃环境温度范围内，相对湿度低于 80%的条件下正常工作。

②当环境温度在 12℃～28℃时允许误差为：

$$|\Delta| \leqslant (0.1\% u_x + \Delta u) \text{ 伏}$$

式中 u_x 为测量盘示值，Δu 为最小分度值。在超出保证准确度的温度范围，但仍在使用范围内，仪器的温度附加误差与温度范围有关，在 20℃～25℃内温度附加误差小于等于 $|\Delta|$，在 15℃～20℃内温度附加误差小于等于 $|0.5\Delta|$。

③电位差计基本技术参数见下表：

倍率	测量范围	最小分度值	工作电流	允许误差值
×1	0～120mV	50μV	5mA	$\|\Delta\| \leqslant (0.1\%u_x + 50 \times 10^{-6})$伏
×0.2	0～24mV	10μV	1mA	$\|\Delta\| \leqslant (0.1\%u_x + 10 \times 10^{-6})$伏

④仪器的工作电源为 1.5V，1 号干电池 5 节并联，检流计放大器工作电源为 9V（6F22）迭层干电池 1 节并联。

2. 电位差计使用方法

①将被测电压或电动势接在"未知"接线柱上，注意"＋"、"－"极。

②将倍率开关旋向所需要的位置上，同时也接通了电位差计工作电源和检流计放大器电源，3 分钟后调节检流计指零。

③将扳键开关 K 扳向"标准"，调节多圈变阻器 R_p，使检流计指零，这时工作电流达到了规定的值。

④将扳键开关扳向"未知"，调节步进读数盘和滑线读数盘使检流计再次指零，此时未知电压或电动势按下式计算：

$$u_x = （步进盘读数 ＋ 滑线盘读数）\times 倍率$$

⑤在连续测量时，要求经常校对电位差计工作电流，防止工作电流变化。

⑥倍率开关旋向"G_1"或"$G_{0.2}$"时电位差计分别处于×1 或×0.2 位置，检流计被短路，在未知端可输出标准直流电动势。

3. 注意事项

①测量完华，倍率开关应放在"断"位置，扳键开关应放在中间，以免不必要的电池能量消耗。

②如发现调节 R_p 不能使检流计指零时，应更换 1.5V 干电池。若晶体管放大检流计灵敏度低则更换 9V 干电池。

③电位差计应在环境温度为 5℃～45℃，相对湿度低于 80%的条件下使用和保管，并避免阳光曝晒和剧烈震动。

【实验内容及步骤】

1. 用电位差计校正电压表

（1）按图 13-3 连接线路。

（2）根据电压表、电位差计的量程及电阻箱规格确定 R_1、R_2 和 E 的数值。

（3）先把滑线变阻器放在电阻为零那端（即输出电压为 0），合上电键 K 调节滑线变阻器，使电压表从零到满偏等间隔分布取几个读数，再根据分压比估计相应的电位差计测量值范围，最后将扳键扳向"未知"，调节检流计使指针指零，读出相应的电位差计测量值。反向（即从电压的最大值到零）再校一遍，取两次平均值。

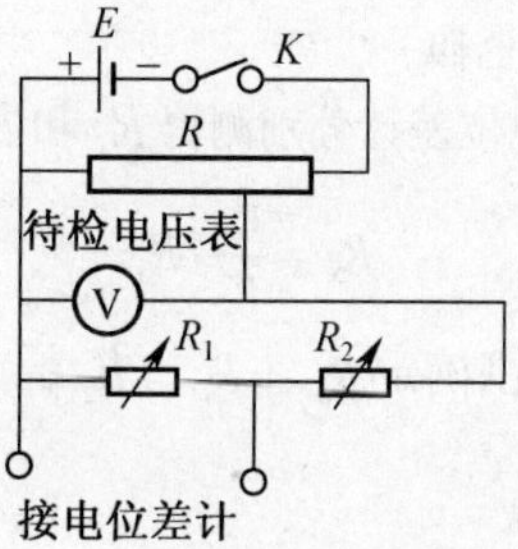

图 13-3

（4）列表记录数据，并参考下面示例的数据处理方法计算误差，确定被校表是否合格。

例如：用电位差计校正 C65-2 型电压表（量程 15 伏）。

设：$R_1 = 10\Omega$　　　$R_2 = 1490\Omega$　　　$E = 15V$

【参考数据表格】

预先估计值	20mV	40mV	57mV	73mV	90mV
$V_{表}$（V）	3.00	6.00	8.50	11.00	13.50
V_{j1}（mV）					
V_{j2}（mV）					
$\overline{V_j}$（mV）					
$V_{校}$（V）					
ΔV_x（V）					

【数据处理】

$$V_{校} = \frac{R_1 + R_2}{R_1} \overline{V_j} \qquad\qquad \Delta V_x = \left| V_{校} - V_{表} \right|$$

$$\Delta V_{校\,max} = \left| \frac{R_1 + R_2}{R_1} \Delta V_j \right| + \left| \frac{\overline{V_{j\,max}}}{R_1} \Delta R_2 \right| + \left| \frac{\overline{V_{j\,max}} R_2}{R_1^2} \Delta R_1 \right|$$

其中：　$\Delta V_j = V_{j量程} \times 0.1\% = 120 \times 0.1\%\,\text{mV}$　　（电位差计的量程为 120mV）

$\Delta R_1 = 10 \times 0.1\%$　　　　　　　$\Delta R_2 - 1490 \times 0.1\%$

$$\Delta V_{总} = \left| \Delta V_{校\,max} \right| + \left| \Delta V_{x\,max} \right|$$

$x\% = \dfrac{\Delta V_{总}}{V_{量程}} \times 100\% = \dfrac{\Delta V_{总}}{15(v)} \times 100\%$（$x \leqslant 1$ 时电压表合格；$x > 1$ 时电压表不合格）

2. 用电位差计校正电流表

按图 13-4 连接线路，过程同校正电压表相同。

3. 用电位差计测定未知电阻

按图 13-5 连接线路，用电位差计分别测得 R_s 和 R_x 两端的电压 V_s 和 V_x 后，则有

$$R_x = \frac{V_x}{V_s} \cdot R_s$$

要求：根据 R_x 的大小范围确定 R_s、R_1、R_2、E 的取值大小。

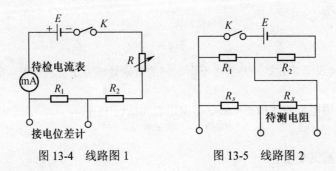

图 13-4　线路图 1　　　　　　　图 13-5　线路图 2

【思考题】

1. 实验中如果发现检流计总往一边偏，无法调到平衡，试分析可能有哪些原因？

2. 可否用电位差计测 20mV 的电压，应将倍率档指向×1 还是×0.2？

实验十四　用模拟法测绘静电场

在物理实验中，往往会遇到一些难以直接测量的物理量，通常的办法是用容易测量、便于观察的量代替它，并找出它们之间的对应关系进行测量，这种实验方法叫模拟法。

一般情况，模拟可分为物理模拟和数学模拟两类。物理模拟就是人为制造的模型与实际研究对象保持相同物理本质的模拟。例如，为研制新型飞机，利用风洞来研究飞行模型在大气中飞行时的动力学特性。数学模拟也是一种研究物理场的方法，它是指两个物理本质完全不同，但具有相同的数学形式的物理现象或过程的模拟。本实验就是用电流场来模拟静电场的。

【实验目的】

1．学习模拟法测绘静电场的原理和方法；
2．研究几种形状电极的电场分布情况；
3．加深对电场强度和电位概念的理解。

【仪器及用具】

AC-12 型静电场描绘电源、双层固定支架、同步探针、水槽电极、万用表

【实验原理】

1．静电场与稳恒电流场

稳恒电流场与静电场是两种不同性质的场，但是它们两者在一定条件下具有相似的空间分布，即两种场遵守规律在形式上相似，都可以引入电位 U，电场强度 $E = -\nabla U$，都遵守高斯定律。

对于静电场，电场强度在无源区域内满足以下积分关系：

$$\oint_s \vec{E} \cdot \overrightarrow{ds} = 0 \qquad\qquad \oint_c \vec{E} \cdot \overrightarrow{dl} = 0$$

对于稳恒电流场，电流密度矢量 $\vec{j}$ 在无源区域内也满足类似的积分关系：

$$\oint_s \vec{j} \cdot \overrightarrow{ds} = 0 \qquad\qquad \oint_l \vec{j} \cdot \overrightarrow{dl} = 0$$

静电场与稳恒电流场的这种相似性给人们一个启示。如图 14-1 （a）所示由几个电势为 U_1、U_2、U_3 的带电体激发的静电场中 P 点的电势为 U 时，那么将形状与带电体相同的良导体置于导电介质中的相同位置，加上直流电压，使它们的电势也是 U_1、U_2、U_3，见图 14-1 （b），则在导电介质中对应 P 点位置的 P' 点的电势 U' 将和 U 相同，反过来如果测量出稳恒电流场中 P' 点的电势为 U'，则相应静电场中

P 点的电势 U 将和 U' 相同。这表示通过测量稳恒电流场的电势分布可以了解相应静电场的电势分布，实验结果表示这样模拟是恰当的。

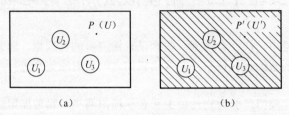

图 14-1　静电场与稳恒电流场

2. 长同轴柱面（电缆线）的电场

（1）静电场。

根据高斯定理，长同轴圆柱面间的电场强度为：

$$E = \frac{\tau}{2\pi\varepsilon_0 r} \tag{14-1}$$

式中 τ 为柱面上的电荷线密度，r 为两柱面间任一点距轴中心的距离。

若设 r_1 为内圆柱面半径，r_2 为外圆柱面半径，则两柱面间的电位差 V_0 为

$$V_0 = \int_{r_1}^{r_2} E \mathrm{d}r = \frac{\tau}{2\pi\varepsilon_0} \int_{r_1}^{r_2} \frac{\mathrm{d}r}{r} = \frac{\tau}{2\pi\varepsilon_0} \ln \frac{r_2}{r_1} \tag{14-2}$$

两柱面间任一点 r 处与外柱面间的电位差为：

$$V_r = \int_r^{r_2} E \mathrm{d}r = \frac{\tau}{2\pi\varepsilon_0} \int_r^{r_2} \frac{\mathrm{d}r}{r} = \frac{\tau}{2\pi\varepsilon_0} \ln \frac{r_2}{r} \tag{14-3}$$

由上两式得：

$$V_r = V_0 \frac{\ln \frac{r_2}{r}}{\ln \frac{r_2}{r_1}} = V_0 \frac{\ln \frac{r}{r_2}}{\ln \frac{r_1}{r_2}} \tag{14-4}$$

（2）模拟场。

如图 14-2 所示，A 为中心电极，B 为圆柱外电极，在 A，B 间加电压 V_0（内电极接正极，外电极接负极）。由于电极是对称的，电流均匀地沿径向从内极流向外极，在导电纸上形成

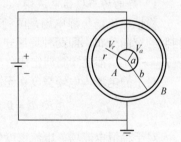

图 14-2　模拟场

一个稳恒电流场。可以证明，此电流场即为该同轴长圆柱形电极带有等量异号电荷，内正外负，电位差为 V_0 时所形成的静电场的模拟场。

现根据模拟原理，讨论稳恒电流场的分布（如图 14-3 所示），取厚度为 t 的同轴圆柱形不良导体片为研究对象。

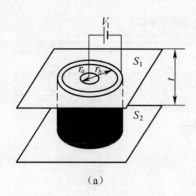
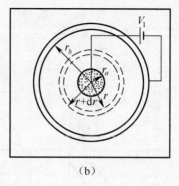

（a） （b）

图 14-3 稳恒电流场的分布

设材料导电阻率为 ρ ，则任一半径为 r 的圆周到半径为 $r+\mathrm{d}r$ 圆周之间的电阻 $\mathrm{d}R = \rho\dfrac{\mathrm{d}r}{2\pi rt} = \dfrac{\rho}{2\pi t}\dfrac{\mathrm{d}r}{r}$ ，因此式积分得半径为 r 的圆周到半径为 r_2 的外柱面之间的总电阻：

$$R_{rr_2} = \frac{\rho}{2\pi t}\int_r^{r_2}\frac{\mathrm{d}r}{r} = \frac{\rho}{2\pi t}\ln\frac{r_2}{r} \tag{14-5}$$

同理得到从 r_1 到 r_2 的总电阻为

$$R_{12} = \frac{\rho}{2\pi t}\ln\frac{r_2}{r_1} \tag{14-6}$$

由上两式得到从内柱面到外柱面的总电流：

$$I_{12} = \frac{V_0}{R_{12}} = \frac{2\pi t}{\rho\ln\left(\dfrac{r_2}{r_1}\right)}V_0 \tag{14-7}$$

则半径为 r 处的电位与外柱面间的电位差为：

$$V_r = I_{12}R_{rr_2} = \frac{2\pi t}{\rho\ln\dfrac{r_2}{r_1}}V_0\cdot\frac{\rho}{2\pi t}\ln\frac{r_2}{r} = V_0\frac{\ln\dfrac{r_2}{r}}{\ln\dfrac{r_2}{r_1}} \tag{14-8}$$

由（14-8）式和（14-4）式可见此模拟场的分布与原静电场的分布完全相同。由于 $E = -\dfrac{\mathrm{d}V}{\mathrm{d}r}$ ，所以不良导体内的电场 E （模拟场）与原真空中的电场 E 也是相同的。

实际上，并非每一种电极组态下的静电场和模拟场的电位分布函数都能计算出来，只有在简单情况下的静电场分布才能计算。正因为这样，用实验的模拟方法来测定静电场才是非常必要的。

其他电极组态下的静电场模拟举例如表 14-1 所示。

表 14-1　静电场模拟举例

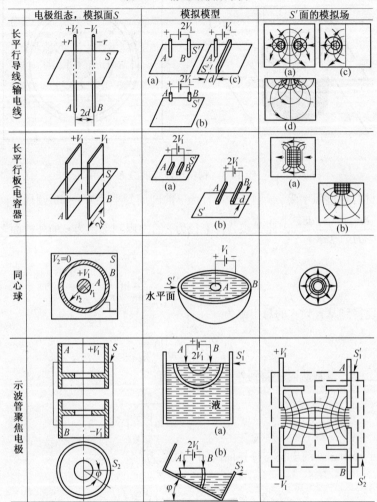

	电极组态，模拟面 S	模拟模型	S' 面的模拟场
长平行导线（输电线）			
长平行板（电容器）			
同心球			
示波管聚焦电极			

【实验内容】

用静电场测绘仪测绘长平行导线和长同轴柱面的电场分布。

1．将坐标纸固定在上层板上；

2．在水槽中加入适量的水，并将水槽放在下层板上相应的位置上，用导线连接好电源和水槽；

3．将双层探针的下针放入水中，则上针悬于坐标纸上方；

4．将万用表的两个表笔分别接在探针和水槽的一个极上；

5．打开电源，移动探针，用万用表测出等电位点并且在坐标纸上标记；

6．在坐标纸上画出等位线和电力线。

实验十五　密立根油滴实验

【实验目的】

1. 测量电子的电量 e，验证电荷的量子性；
2. 通过实验中对仪器的调整，油滴的选择、跟踪、测量及数据的处理，培养科学的实验方法。

【仪器及用具】

MOD-V 型油滴仪、显示器、喷雾器、钟油

【实验原理】

用喷雾器将油滴喷入两块相距为 d 的水平放置的平行极板之间，如图 15-1 所示。油滴在喷射时由于摩擦，一般都会带电。设油滴的质量为 m，所带电量为 q，加在两平行极板之间的电压为 V，油滴在两平行极板之间将受到两个力的作用，受力情况如图 15-2、图 15-3 所示。一个是重力 mg，一个是电场力 qE。通过调节加在两极板之间的电压 V，可以使这两个力大小相等、方向相反，从而使油滴达到平衡，悬浮在两极板之间。此时有

$$mg = q\frac{V}{d}$$

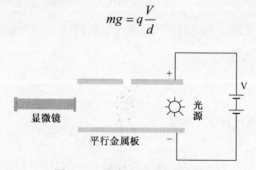

图 15-1　油滴喷入平行极板间

由此

$$q = \frac{mgd}{V} \tag{15-1}$$

为了测定油滴所带的电量 q，根据式（15-1）可知，除了测定 V 和 d 外，还需要测定油滴的质量 m。但是，由于 m 很小，需要使用下面的特殊方法进行测定。

在平行极板间未加电压时，油滴受力情况如图 15-2 所示，油滴受重力 mg 作

用将加速下降，但是由于空气的粘滞性会对油滴产生一个与其速度大小成正比的阻力 f_r，油滴下降一小段距离而达到某一速度 v 后，阻力 f_r 与重力 mg 达到平衡（忽略空气的浮力），油滴将以此速度匀速下降。由斯托克斯定律可得

$$f_r = 6\pi r\eta v = mg \tag{15-2}$$

其中，η 是空气的粘滞系数，r 是油滴的半径（由于表面张力的作用，小油滴总是呈球状）。

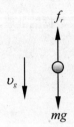

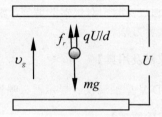

图 15-2　无电场时油滴受力情况　　图 15-3　存在电场时油滴受力情况

设油滴的密度为 ρ，油滴的质量 m 可用下式表示

$$m = \frac{4}{3}\pi r^3 \rho \tag{15-3}$$

将（15-2）式和（15-3）式合并，可得油滴的半径为

$$r = \sqrt{\frac{9\eta v}{2\rho g}} \tag{15-4}$$

观测油滴匀速下降一段距离 l，并测出所需时间 t，则速度 $v = \dfrac{l}{t}$，将其代入（15-4）式中得：

$$r = \sqrt{\frac{9\eta l}{2\rho g t}} \tag{15-5}$$

将（15-5）代入（15-3）中得：

$$m = \frac{4}{3}\pi\rho \left(\frac{9\eta l}{2\rho g t}\right)^{\frac{3}{2}} \tag{15-6}$$

将（15-6）代入（15-1）中得：

$$q = \frac{18\pi d}{\sqrt{2\rho g}}\left(\frac{\eta l}{t}\right)^{\frac{3}{2}} \cdot \frac{1}{V} \tag{15-7}$$

由于斯托克斯定律对均匀介质才是正确的，对于半径小到 10^{-6}m 的油滴小球，其大小接近空气空隙的大小，空气介质对油滴小球不能再认为是均匀的了，因而斯托克斯定律应该修正为：

$$\eta' = \frac{\eta}{1 + \dfrac{b}{Pr}}$$

式中 P 为大气压，b 为修正常数，故式（15-7）写成：

$$q = \frac{18\pi d}{\sqrt{2\rho g}}\left(\frac{\eta l}{t\left(1 + \dfrac{b}{Pr}\right)}\right)^{\frac{3}{2}} \cdot \frac{1}{V} \tag{15-8}$$

式中：$r = \sqrt{\dfrac{9\eta l}{2\rho g t}}$

油的密度 $\rho = 981 \text{kg/m}^3$ 重力加速度 $g = 9.80 \text{ms}^{-2}$

空气的粘滞系数 $\eta = 1.83 \times 10^{-3} \text{kg} \cdot \text{m}^{-1} \cdot \text{s}^{-1}$

油滴匀速下降的距离 $l = 2.00 \times 10^{-3} \text{m}$

修正常数 $b = 6.17 \times 10^{-6} \text{m} \cdot \text{cmHg}$ 大气压 $P = 76.0 \text{cmHg}$

平行极板距离 $d = 5.00 \times 10^{-3} \text{m}$

t 为油滴匀速下降 $l = 2.00 \times 10^{-3} \text{m}$ 所需的时间

将以上数据代入公式得：

$$q = \frac{1.43 \times 10^{-14}}{\left[t\left(1 + 0.02\sqrt{t}\right)\right]^{\frac{3}{2}}} \cdot \frac{1}{V} \tag{15-9}$$

实验发现，对于某一颗油滴，如果我们改变它所带的电量 q，则能够使油滴达到平衡的电压必须是某些特殊值 V_n。研究这些电压的规律发现，它们都满足下列方程：

$$q = mg \cdot \frac{d}{V_n} = ne \qquad \left(\text{因} q = \frac{F}{E} = \frac{mg}{V_n/d} = mg\frac{d}{V_n}\right)$$

式中 $n = \pm 1, \pm 2, \pm 3 \cdots$，而 e 是一个不变的值。

为了证明电荷的不连续性和所有电荷都是基本电荷 e 的整数倍，并得到基本电荷 e 值，我们应对实验测得的各个电量 q 求最大公约数，这个最大公约数是基本电荷 e 值，也就是电子的电荷值，由于学生实验技术不熟练，测量误差可能更大些，要求出 q 的最大公约数有时较困难。通常我们用"倒过来验证"的方法进行数据处理，即用公认的电子电荷值 $e = 1.6 \times 10^{-19}$ C 去除实验测得的电量 q，得到一个接近于某一整数的数值。这个整数就是油滴所带的基本电荷的数目 n，再用 n 去除实验测得的电量，即得电子的电荷值 e。

【仪器介绍】

下面详细介绍 MOD-V 型油滴仪。

密立根油滴仪包括油滴盒、油滴照明装置、调平系统、测量显微镜、供电电源以及电子停表、喷雾器等部分组成。

油滴盒是由两块经过精磨的平行极板（上、下电极板）中间垫以胶木圆环组成。平行极板间的距离为 d。胶木圆环上有进光孔、观察孔和石英窗口。油滴盒放在有机玻璃防风罩中。上电极板中央有一个直径为 0.4mm 的小孔，油滴从油雾室经过雾孔和小孔落入上下电极板之间，上述装置如图 15-4 所示。油滴由照明装置照明。油滴盒可用调平螺丝调节，并由水准泡检查其水平。

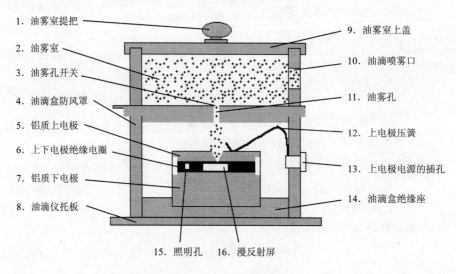

1. 油雾室提把
2. 油雾室
3. 油雾孔开关
4. 油滴盒防风罩
5. 铝质上电极
6. 上下电极绝缘电圈
7. 铝质下电极
8. 油滴仪托板
9. 油雾室上盖
10. 油滴喷雾口
11. 油雾孔
12. 上电极压簧
13. 上电极电源的插孔
14. 油滴盒绝缘座
15. 照明孔　16. 漫反射屏

图 15-4　油滴盒剖面图

电源部分提供以下四种电压：

（1）2.2 伏特油滴照明电压。

（2）500 伏特直流平衡电压。该电压可以连续调节，并从电压表上直接读出。

（3）300 伏特直流升降电压。该电压可以连续调节，但不稳。它可通过升降电压把油滴移到合适的位置。升降电压高，油滴移动速度快，反之则慢。

（4）12V 的 CCD 电源电压。

【实验内容及步骤】

1. 仪器调节

（1）调节调平螺丝，使水准仪的气泡移到中央，这时平行极板处于水平位置，电场方向和重力平行。

（2）打开电源，将开关置于"平衡"位置，调节"平衡电压调节"旋钮，将电压调到"000"，将油滴从喷雾室的喷口喷入，视场中将出现大量油滴，调整摄像头的调焦旋钮，使油滴更清楚。

2. 测量练习

（1）练习控制油滴：当油滴喷入油雾室并观察到大量油滴时，在平行极板上加上平衡电压（200V 以上为宜），驱走不需要的油滴，等待 1～2 分钟后，只剩下几颗油滴在慢慢移到，注意其中的一颗，调焦，使油滴很清楚，仔细调节电压使这颗油滴平衡；然后将开关扳向"测量"，让它达到匀速下降时，再扳回到"平衡"，使油滴停止运动；之后，再将开关扳向"升降"使油滴上升到原来的位置。如此反复练习，以熟练掌握控制油滴的方法。

（2）练习选择油滴：要作好本实验，很重要的一点就是选择好被测量的油滴。油滴的体积既不能太大，也不能太小（太大时必须所带的电荷很多才能达到平衡；太小时由于热扰动和布朗运动的影响，很难稳定）；否则，难于准确测量。对于所选油滴，当取平衡电压在 200V 以上，匀速下降距离 $l = 2.00 \times 10^{-3}$ m 所用时间约为 20s 左右时，油滴大小和所带电量较适中，测量也较为准确。因此，需要反复试测练习，才能选择好待测油滴。

3. 正式测量

由（15-9）式可知，进行本实验真正需要测量的量只有两个，一个是油滴的平衡电压 V_n，另一个是油滴匀速下降的时间，即油滴匀速下降距离 l 所需的时间 t。

（1）测量平衡电压必须经过仔细的调节，应该将油滴悬于显示器屏幕上某条横线附近，以便准确地判断出这颗油滴是否平衡。应该仔细观察一分钟左右，只有油滴在此时间内在平衡位置附近漂移不大，才能认为油滴是真正平衡了。记下此时的平衡电压 V_n。

（2）在测量油滴匀速下降一段距离 l 所需的时间 t 时，选定测量的一段距离为显示器屏幕上刻线"0"到刻线"2"之间的距离，此时的距离为 $l = 2.00 \times 10^{-3}$ m。

（3）由于有涨落，对于同一颗油滴，必须重复测量 10 次。同时，还应该选择不少于 5 颗不同的油滴进行测量。

（4）通过计算求出基本电荷的值，验证电荷的不连续性。

【参考数据表格】

次 ＼ 量	U（V）	t（S）	$\overline{q}$（C）	n（整数）
油滴₁ 1				
2				
3				
4				
5				
平均				
油滴₂ 1				
2				

次 ＼ 量	U（V）	t（S）	$\bar{q}$（C）	n（整数）
3				
4				
5				
平均				

【注意事项】

（1）喷油时，只需喷一两下即可，不要喷得太多，不然会堵塞小孔。

（2）对选定油滴进行跟踪测量的过程中，如果油滴变得模糊了，应随时调节摄像头的焦距，对油滴聚焦；对任何一个油滴进行的任何一次测量中都应随时调焦，以保证油滴处于清晰状态。

（3）平衡电压取200V以上为最好，应该尽量在这个平衡电压范围内选择油滴。

（4）在显示器的屏幕上要保证油滴竖直下落。

【数据处理】

第一步：计算 $\bar{q} = \dfrac{1.43 \times 10^{-14}}{\left[\bar{t} \left(1 + 0.02\sqrt{\bar{t}} \right) \right]^{\frac{3}{2}}} \cdot \dfrac{1}{\bar{V}}$

第二步：计算 $n = \dfrac{\bar{q}}{e_0}$ （$e_0 = 1.602 \times 10^{-19}$ C，n 取接近的整数）

第三步：计算 $\bar{e} = \dfrac{\bar{q}}{n}$ （n 为第二步中求得的整数）

第四步：计算相对不确定度 $E = \sqrt{\left(\dfrac{3}{2}\right)^2 \cdot \left(\dfrac{1}{\bar{t}}\right)^2 \cdot u_{C(\bar{t})}^2 + \left(\dfrac{1}{\bar{U}}\right)^2 \cdot u_{C(\bar{U})}^2}$

其中：$u_{C(t)} = \sqrt{S_t^2 + u_{jt}^2}$；$S_t = \sqrt{\dfrac{\sum (t_i - \bar{t})^2}{n(n-1)}}$；$u_{jt} = \dfrac{\Delta_1}{3}$；$\Delta_1 = 0.1S$

$u_{C(U)} = \sqrt{S_U^2 + u_{jU}^2}$；$S_U = 0$，$u_{jU} = \dfrac{\Delta_2}{3}$；$\Delta_2 = 500\text{V} \times 1.5\% = 7.5\text{V}$

第五步：计算 $u_{C(\bar{e})} = E \times \bar{e}$ （保留一位有效数字）

第六步：写出结果表达式

$\begin{cases} e = \bar{e} \pm u_{C(\bar{e})} & \text{（注意表达式带单位）} \\ E = \dfrac{u_{C(\bar{e})}}{\bar{e}} \times 100\% & \text{（E、 } u_{C(\bar{e})} \text{ 均保留一位有效数字）} \end{cases}$

实验十六 透镜成像规律及焦距测量

【实验目的】

1. 观察透镜成像的规律和特点；
2. 学习测量薄透镜焦距的几种方法；
3. 掌握和理解光学系统共轴调节的方法。

【仪器及用具】

光具座（全套）、凹透镜、凸透镜、平面镜、物屏、像屏、白炽灯、照明灯

【实验原理】

1. 薄透镜成像公式

由两个共轴折射曲面构成的光学系统称为透镜。连接透镜两球面曲率中心的直线叫做透镜的主光轴，透镜两表面在其主轴上的间距叫透镜厚度。厚度与球面的曲率半径相比可以忽略不计的透镜称为薄透镜。薄透镜两球面的曲率中心几乎重合为一点，这个点叫做透镜的光心。透镜可分为凸透镜和凹透镜两类。凸透镜有使光线会聚的作用，即当一束平行于透镜主轴的光线通过透镜后，将会聚于主光轴上的一点，此会聚点 F 称为该透镜的焦点，透镜光心 O 点到焦点 F 的距离，称为焦距 f，见图 16-1。凹透镜具有使光发散的作用，即当平行于透镜主光轴的光线通过透镜后，将偏离主光轴，成发散光束，发散光的延长线与主光轴的交点 F 称为该透镜的焦点。透镜光心 O 到焦点 F 的距离称为它的焦距 f，见图 16-2。近轴光线是指通过透镜中心部分与主轴夹角很小的那一部分光线。在近轴光线条件下，薄透镜的成像公式为：

$$\frac{1}{u} + \frac{1}{v} = \frac{1}{f} \tag{16-1}$$

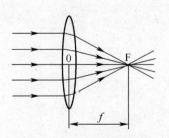
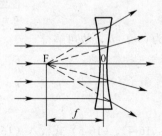

图 16-1 凸透镜成像原理　　　　图 16-2 凹透镜成像原理

式中 u 为物距，v 为像距，f 为焦距；对于凸透镜、凹透镜而言，u 恒为正值。像为实像时 v 为正，像为虚像时 v 为负；对于凸透镜 f 恒为正，凹透镜 f 恒为负。

2. 凸透镜焦距的测量原理

（1）自准法。

如图 16-3 所示，当物体在凸透镜的焦平面上时，物体上各点发出的光线经过透镜折射后，成为平行光。如果在透镜 L 的像方用一个与主光轴垂直的平面镜代替像屏，平面镜将此平行光反射回去，反射光再次通过透镜后，仍会聚于透镜的焦平面上，在焦平面上成一大小与原物相等的倒立实像。此时，物与透镜之间的距离即为该透镜的焦距 f。这种测量透镜焦距的方法，称为自准法。这种方法比较迅速、直接地测得焦距的数值，也是光学仪器中常用的调节方法。

（2）物距像距法。

根据公式（16-1），只要测出物距 u 和像距 v，即可求出透镜的焦距。

（3）共轭法。

如图 16-4 所示，使物屏与像屏之间的距离 l 大于 $4f$，沿光轴方向，移动透镜，当其光心位于 O_1 和 O_2 位置时，在像屏上将分别获得一个放大的和一个缩小的像，设 O_1、O_2 之间的距离为 e，根据透镜成像公式（16-1），在 O_1 处有

$$\frac{1}{u} + \frac{1}{l-u} = \frac{1}{f} \tag{16-2}$$

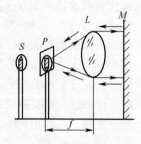

图 16-3　自准法测凸透镜焦距原理图

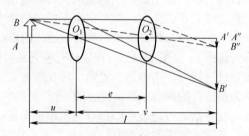

图 16-4　共轭法测凸透镜焦距原理图

在 O_2 处有

$$\frac{1}{u+e} + \frac{1}{v-e} = \frac{1}{f} \tag{16-3}$$

因为 $v = l - u$，故可解得

$$u = \frac{l-e}{2} \tag{16-4}$$

$$v = \frac{l+e}{2} \tag{16-5}$$

将（16-4）、（16-5）式代入（16-1）式得

$$\frac{2}{l-e}+\frac{2}{l+e}=\frac{1}{f}$$

$$f=\frac{l^2-e^2}{4l} \tag{16-6}$$

这种方法通过测定 l 和 e 来计算焦距，避免了在测量 u 和 v 时，由于估计透镜光心位置不准确带来的误差。但需注意：l 不可取得太大，否则缩小像过小，而不易准确判断成像位置。

3. 凹透镜焦距的测量原理

采用物距像距法测量凹透镜焦距的过程如下：

如图 16-5 所示，将物点 S 发出的光线，经过凸透镜 L_1 之后，会聚于像点 S_1。将一个焦距为 f 的凹透镜 L_2 置于 L_1 和 S_1 之间，然后移动 L_2 至合适位置，由于凹透镜具有发散作用，像点将移到 S_2 点处，根据光线传播的可逆性原理，如果将物置于 S_2 点处，则由物点发出的光线经 L_2 折射后，所成的虚像点将落在点 S_1 处。

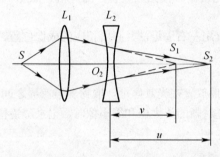

图 16-5　物距像距法测凹透镜焦距原理图

令 $O_2S_1=u$，$O_2S_2=v$，若 u、v、f 分别代表物距、像距、凹透镜焦距的绝对值，考虑凹透镜的 f 和 v 均为负，则

$$\frac{1}{u}-\frac{1}{v}=-\frac{1}{f} \qquad f=\frac{uv}{v-u}$$

【实验内容及步骤】

1. 光学元件等高同轴的调节

（1）粗调。

将透镜、物屏、像屏等安置在光具座上，并将它们靠拢，调节高低、左右，使光源、物屏与透镜的中心，大致在一条和导轨平行的直线上，并使各元件的平面互相平行，且垂直于导轨。

（2）细调。

本实验利用共轭原理进行调节。如果物屏上 A 点位于主光轴上，则两次成像时，相应的像点 A' 和 A'' 在像屏上重合，即均在主光轴上。若不重合，可根据两次

成像 A' 和 A'' 的位置进行分析，调节物点 A 或透镜的位置，使经过透镜后两次成像的位置重合，系统即达到同轴等高。

2. 凸透镜焦距的测定

（1）自准法。

将白炽灯 S、物屏 P、凸透镜 L、平面镜 M 按图 16-3 依次安置在光具座上，按粗调方法调节各元件。改变凸透镜至物屏的距离，直到物屏上出现一个清晰的倒置像为止。若倒像与物的大小相等、完全重合且清晰，记下物屏与透镜所在位置，其间距即为凸透镜 L 的焦距。重复测五次。

在实际测量时，常采用左右逼近法读数。即先使透镜由左向右移动，当像刚清晰时停止，记下透镜位置；再使透镜自右向左移动，在像清晰时又读一次。

（2）观察凸透镜成像规律，并用物距像距法测凸透镜焦距。

①依次使物距 $u < f$，$u = 2f$，$u > 2f$，或处于 $f < u < 2f$ 范围，观察成像的位置及像的特点（大、小、正、倒、实、虚）并画出相应的光路图。总结物距变化时，相应的像距变化规律。根据放大镜、幻灯机、照相机的成像原理，说明各应使用哪一种光路。

②物距约等于 $2f$，用左右逼近法，测出相应的成像位置，按（16-1）式计算透镜焦距 f。重复测五次。

（3）共轭法。

按图 16-4 将各元件放置在光具座上，取物屏与像屏之间的距离 $l > 4f$ 移动透镜，当像屏上分别出现清晰的放大像和缩小像时，记录透镜位置 O_1 及 O_2。重复测五次。

3. 凹透镜焦距的测定

按图 16-5 将各元件放置在光具座上，使用凸透镜辅助成像于点 S_1，记下此时位置。然后在凸透镜和像屏之间，放入待测凹透镜，将像屏移后，直到再次获得清晰的像，记下此时像屏的位置 S_2。根据测出的物距 u 和像距 v，计算出焦距 f。重复测五次。

【参考数据表格】

1. 凸透镜自准法

公式：$f = x_凸 - x_物$ 　　　　　　　　　　单位：厘米

量 ＼ 次	1	2	3	4	5	平均	$\bar{f}$
$x_物$							
$x_凸$							

$x_物$ 为物所在位置的坐标，$x_凸$ 为凹透镜所在位置的坐标。

2. 凸透镜物距像距法

公式：$\dfrac{1}{u}+\dfrac{1}{v}=\dfrac{1}{f}$ 单位：厘米

u	v					平均	$\overline{f}$
	1	2	3	4	5		
40							
60							

3. 凸透镜共轭法

公式：$f=\dfrac{l^2-e^2}{4l}$ 单位：厘米

l	x_1	x_2	$\overline{e}=\left|\overline{x_1}-\overline{x_2}\right|$	$\overline{f}$
120				
平均值				

l 为物到像的距离，x_1 为得到倒立缩小实像时凸透镜所在位置的坐标，x_2 为得到倒立放大实象时凸透镜所在位置的坐标。

4. 凹透镜物距像距法

公式：$f=\dfrac{uv}{u-v}$ 单位：厘米

次 \ 量	S_1	S_2	$x_凹$	$\overline{x_凹}$	$\overline{u}$	$\overline{v}$	$\overline{f}$
1							
2							
3							
4							
5							

S_1 为物所在位置的坐标，S_2 为像所在位置的坐标，$x_凹$ 为凹透镜所在位置的坐标。

5. 总结凸透镜成像规律

	成像范围	放大或缩小	正立或倒立
$u > 2f$			
$u = 2f$			
$f < u < 2f$			

【思考题】

1. 在自准法测焦距实验中，平面镜起什么作用？平面镜与透镜的距离改变，对成像有无影响？为什么？

2. 试说明用共轭法测凸透镜焦距时，为什么要选取物屏与像屏的间距大于 $4f$？

3. 提出一个简便的方法，来区分凸透镜和凹透镜（不得用手摸）。如何粗略确定凸透镜的焦距？

实验十七　用牛顿环测球面的曲率半径与用劈尖测量微小厚度

【实验目的】

1. 观察等厚干涉现象，加深对光的波动性的认识；
2. 学习利用牛顿环测量曲率半径的方法；
3. 利用空气劈尖测微小厚度；
4. 学习使用读数显微镜。

【仪器及用具】

读数显微镜、牛顿环、空气劈尖、钠光灯

【实验原理】

1. 牛顿环测球面的曲率半径原理

牛顿环是典型的等厚干涉现象，它可以用来测量光波波长、透镜的曲率半径、检验表面的光洁度、平面度和研究零件内部应力的分布等。本实验用牛顿环测量透镜的曲率半径。牛顿环实验装置如图 17-1 所示。

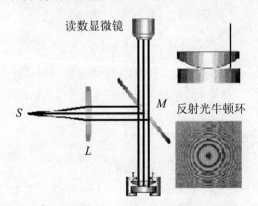

图 17-1　牛顿环实验装置

在一块平面玻璃 CD 上放一平凸透镜 AOB，如图 17-2 所示，便形成一个从中心 O 向四周逐渐增厚的空气层。当单色光垂直入射时，则其中一部分光线在 AOB 表面反射，还有一部分在 CD 表面反射。这两部分光是相干的，因而在它们相重叠的地方（透镜凸面附近）产生干涉。由于透镜的 AOB 表面是球面，与接触点 O 等距离的各点的空气膜厚度都相同，因此干涉图样是以 O 为圆心的明暗相间的同心圆环，称为牛顿环。如图 17-1 所示对反射光其中心为暗点，向外明暗相间。越远离中心 O，条纹越窄、越密。

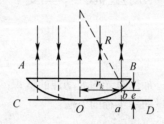

图 17-2　牛顿环产生的光路示意图

下面求出干涉条纹（圆环）的半径 r，光波波长 λ，透镜曲率半径 R 三者间的关系。如图 17-2 所示，光线在空气层（厚度为 e）的上下 b、a 两点反射的光程差（考虑到 a 点反射产生半波损失）：

$$\delta = 2e + \frac{\lambda}{2} \qquad (17-1)$$

如图 b 点正好是第 k 级干涉圆环的位置，则从图中几何关系可知：$r_k^2 = R^2 - (R-e)^2 = 2eR - e^2$ 因为 $R \gg e$，上式中 e^2 可忽略，所以：

$$r_k^2 = 2eR \qquad (17-2)$$

又根据干涉条件：

$$\delta = \begin{cases} k\lambda & (k=1,2,3\cdots) \text{ 明环} \\ (2k+1)\dfrac{\lambda}{2} & (k=0,1,2,3\cdots) \text{ 暗环} \end{cases} \qquad (17-3)$$

由于暗环较窄，便于找准位置，所以实验中采取对暗环进行测量。下面仅就暗环的条件进行讨论。对第 k 级暗环，从（17-1）、（17-3）式可得：

$$e = \frac{1}{2}k\lambda$$

把 e 代入（17-2）式得：

$$r_k^2 = kR\lambda \qquad (17-4)$$

原则上，若 λ 已知，测出 k 级暗环半径 r_k，即可根据（17-4）式求出透镜曲率半径 R。反之若 R 已知，测出 r_k 可算出 λ。但是，由于透镜和平面玻璃很难只以一点接触，因此中心暗点不是一点，而是一个圆斑。故很难估计干涉条纹的级数，而且也不易找准牛顿环的中心。所以在实际测量时，常常将（17-4）式变换成如下形式：

$$R = \frac{r_m^2 - r_n^2}{(m-n)\lambda}$$

或者：

$$R = \frac{D_m^2 - D_n^2}{4(m-n)\lambda}$$ (17-5)

式中 D_m 和 D_n 分别为 $k=m$ 和 $k=n$ 级的暗环直径。从（17-5）式可知，只要数出所测各环的环数差（$m-n$），而无须确定各环的准确级数。而且不难证明，直径的平方差等于弦的平方差，因此也可以不必准确确定圆环的中心，从而避免了实验过程中所遇的级数及圆环中心无法确定这两个困难。

2. 用空气劈尖测量微小厚度的原理

如图 17-3 所示，用两个透明介质片就可以形成一个劈尖。若两个透明介质片是放置在空气之中，它们之间的空气就形成一个空气劈尖。若放置在某透明液体之中，就形成一个液体劈尖。

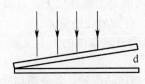

图 17-3　空气劈尖

当两块很平的玻璃（称为平晶），使其一端互相叠合，另一端夹薄纸片时，两玻璃片之间形成一个空气劈尖，如图 17-4 所示。

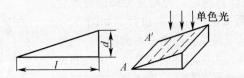

图 17-4　薄纸片形成的劈尖

当单色光垂直入射时，在空气劈尖的上下表面反射后的两束光是相干的，它们在劈尖的表面相遇时发生干涉，产生了平行于 AA' 边的、间隔相等的、明暗相间的干涉条纹。

由干涉条件可知，相邻的两明（或暗）条纹所对应的空气劈尖的厚度相差半个波长（$\lambda/2$，λ 为单色光波波长）。薄纸片到空气劈尖顶线 AA' 的距离为 l。在这段距离中共有 N 个条纹，则薄纸的厚度 d 可由下式求出：

$$d = N\frac{\lambda}{2}$$

在实际测量时，由于条纹数很多，一条一条数容易出错，一般常测出单位长度的干涉条纹数 n_0（线密度）和薄纸片到空气劈尖顶线 AA' 的距离 l，则：

$$N = n_0 \cdot l$$

于是：

$$d = n_0 \cdot l \cdot \frac{\lambda}{2}$$

所以只要知道单色光波的波长 λ，测出干涉条纹的线密度 n_0 和待测物到劈尖顶线 AA' 的距离 l，就可求出待测物的厚度 d。

【实验内容及步骤】

1．用牛顿环测球面的曲率半径。

（1）熟悉读数显微镜的使用方法。

（2）用眼睛直接观察牛顿环。可见中央有一针孔大小的黑点，此即凸透镜与平板玻璃的接触点——中央暗斑（牛顿环仪已调好，勿乱拧环上三个螺丝）。将牛顿环仪放在载物台上，用眼睛初步估计，使显微镜尽量对准此黑点。

（3）调节附在显微物镜下方的平板玻璃反射镜（与水平成45°），使钠光灯的光线经平板玻璃反射后垂直入射到牛顿环仪上，再被牛顿环仪反射后进入到显微镜中。此时，从目镜观察，可看到最强的黄光。

（4）转动调焦手轮，以改变显微筒的上下位置（调焦），直到从目镜中观察到清晰的干涉条纹。

（5）从显微镜中观察牛顿环的位置，并微移动牛顿环仪，使显微镜中叉丝的交点尽量接近圆环中心。转动测微鼓轮，定性观察左右25环是否清晰，并且都在显微镜的读数范围之内。然后再进行定量测量，当叉丝交点位于暗环的中间时再开始读数。同一级暗环左右读数之差，即为该级暗环的直径 D。

（6）具体测暗环直径时，为避免测微鼓轮因空转而引起误差，读数要沿一个方向进行。如图 17-5 所示，转动鼓轮使显微镜叉丝往某一方向移动，例如往左移动同时数出移过去的暗环的级数 k。中央暗斑不论多大，都可算做级数的起点，即 $k=0$，四周暗环依次是 $k=1$，2，3…。当 k 移到 $k=25$ 时，把鼓轮向相反方向转动。当叉丝退回到 20 环时，开始记下显微镜的位置读数（可估计到千分之一毫米）。继续转动鼓轮（往一个方向），使叉丝继续前进依次测出 $m=20$、

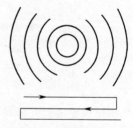

图 17-5　记录暗环的级数

19、18、17、16 与 $n=10$、9、8、7、6 各级暗环位置。继续往一个方向转动鼓轮，使叉丝继续前进。当叉丝经中央暗斑而达到另一边（右边）第 6 级暗环时，开始记录数据。依次记下右边 $n=6$、7、8、9、10 和 $m=16$、17、18、19、20 各级暗环的位置。各级暗环左右读数之差即为该级暗环的直径。

（7）将牛顿环仪旋转一个角度（约90°），重复进行步骤（3）～（6）的操作。

（8）根据公式（17-5）计算透镜曲率半径。

2．用空气劈尖测量微小厚度。

（1）用镜头纸将两块平板玻璃擦净，使在钠光灯下观看时，没有灰尘和细毛。

将两块玻璃叠合在一起，一端夹上剪好的纸条使纸条垂直于操作者。放在读数显微镜的载物台上。

（2）点燃钠光灯（单色光源，λ=5893Å）。为了使单色光垂直照射，在物镜下装有一平板玻璃反射镜，调节反射镜，使其和水平方向成45°时，显微镜中可看到较强的黄光，并且看到条纹。

（3）转动调焦手轮，使显微镜筒由低向高移动，调到在显微镜中看到条纹。调节清楚直到看到清晰的干涉条纹，且使干涉条纹与十字叉丝中的一条平行。并注意待测物图像应在测微装置的量程之内。

（4）测出每隔 $\Delta n = 20$ 条干涉暗条纹的总长度 Δl 重复 4 次。算出单位长度上暗条纹数（线密度）。可在不同地方往复测量，但每次必须按同一方向进行。

（5）测出纸条到空气劈尖棱线 AA' 之间的总长度 l，则纸片厚度 $d = n_0 l \dfrac{\lambda}{2}$。

3．改变薄纸片在两平玻璃板间的位置，观察干涉条纹的变化，并作出解释。

【注意事项】

（1）牛顿环应居透镜正中，无畸变且最小。

（2）钠光灯不能反复开启，从实验开始时打开到实验结束时关闭，中途不得关与开。钠光灯打开后，不能马上使用，应等数分钟，待正常发光后，才能开始调显微镜视场。

（3）在钠光灯下调显微镜视场时，应强调让钠黄光均匀地充满整个视场，不能在半明半暗状态下调出牛顿环。

（4）对牛顿环调焦距时，强调镜筒只能从下向上调节，不允许反向调节。

（5）在牛顿环清晰可辨的前提下，对 m 和 n 应选取远离圆心的环来进行测量。

（6）显微镜十字叉丝的横线虽不必严格调到每道环的中心，但十字叉丝的交点还是应与牛顿环中心大致相合为宜。

【参考数据表格】

级数 \ 坐标 \ 位置		第一位置			第二位置		
		左	右	D_1	左	右	D_2
m	20						
	19						
	18						
	17						
	16						

级数	坐标 位置	第一位置			第二位置		
		左	右	D_1	左	右	D_2
	10						
	9						
n	8						
	7						
	6						

$m-n$	第一位置			第二位置		
	$D_m^2-D_n^2$	R	$\overline{R}$	$D_m^2-D_n^2$	R	$\overline{R}$
20–10						
19–9						
18–8						
17–7						
16–6						

$$\lambda=5893\times10^{-7}\text{mm}$$

$$R=\frac{D_m^2-D_n^2}{4(m-n)\lambda}$$

【思考题】

1. 两块玻璃的迭合线 AA′ 为何是暗条纹？试解释之。

2. 若不用反射光，而用透射光（例如光线由载物台的毛玻璃下面向上照射），能否看到干涉条纹？若能，这些条纹将是什么样子？

3. 公式（17-5）成立的条件是什么？

4. 试比较牛顿环和劈尖干涉条纹的异同点。

5. 牛顿环靠近中心的环为什么要比边缘的粗阔？也就是为什么相邻两暗（明）条纹之间的距离，靠近中心的要比边缘的大？

6. 在本实验中，若遇下列情况，对实验结果是否有影响？为什么？

（1）牛顿环中心是亮斑而非暗斑；

（2）测量时，叉丝交点不通过圆环中心，因而测量的是弦，而非真正的直径。

7. 实验中为何测暗纹而不测明纹直径？

（第二位置数据处理过程同第一位置）

实验十八　利用双棱镜测定光波波长

【实验目的】

1. 掌握利用分割波前实现双光束干涉的方法；
2. 观察光场空间相干性；
3. 用菲涅耳双棱镜测量钠光光波波长。

【仪器及用具】

钠光灯、双棱镜、光具座、凸透镜、测微目镜、单缝、辅助棒

【实验原理】

一般情况下两个独立的光源（除激光光源外）不可能产生干涉。要观察干涉现象必须用光学方法将一个原始光点（振源）分成两个位相差不变的辐射中心，即造成"相干光源"。分割的方法有两种，即波前分割法和振辐分割法，波前分割的装置有双面镜、双棱镜等。本实验采用菲涅耳双棱镜进行波前分割，从而获得相干光，实现光的干涉。

实验装置如图 18-1 所示。各器件均安置在光具座上，Q 为钠光灯；S 为宽度及取向可调单缝；透镜 L_1 将光源 Q 发出的光会聚于单缝 S 上，以提高照明单缝上的光强度；B 为双棱镜；L_1 为辅助成像透镜，用来测量两虚光源 S_1、S_2 之间的距离 d；M 为测微目镜。菲涅耳双棱镜是由两块底边相接、折射棱角 θ 小于 1° 的直角棱镜组成的。从单缝发出的光经双棱镜折射后，形成两束犹如从虚光源发出的频率相同、振动方向相同，并且在相遇点有恒定相位差的相干光束，它们在空间传播时，有一部分彼此重叠而形成干涉场，如图 18-2 所示。

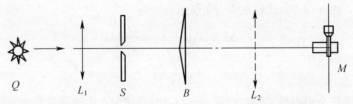

Q－钠光灯　L_1－透镜　S－单缝　B－双棱镜　L_2－辅助成像透镜　M　测微目

图 18-1　用菲涅耳双棱镜测量钠光波长实验装置

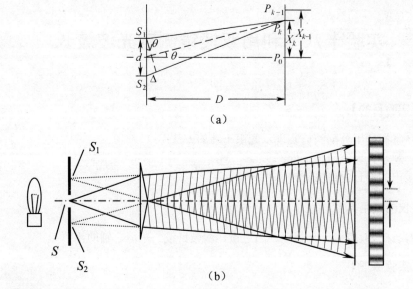

（a）

（b）

图 18-2　原理图

设由双棱镜 B 所产生的两相干虚光源 S_1、S_2 间距为 d，观察屏 P 到 S_1、S_2 平面的距离为 D。若 P 上的 P_0 点到 S_1 和 S_2 的距离相等，则 S_1 和 S_2 发出的光波到 P_0 的光程也相等，因而在 P_0 点相互加强而形成中央明条纹（零级干涉条纹）。

设 S_1 和 S_2 到屏上任一点 P_k 的光程差为 Δ，P_k 与 P_0 的距离为 X_k，则当 $d \ll D$ 和 $X_k \ll D$ 时，可得到

$$\Delta = \frac{X_k}{D} d \qquad (18\text{-}1)$$

当光程差 Δ 为波长的整数倍，即 $\Delta = \pm k\lambda$（k=0，1，2，…）时，得到明条纹。此时，由（18-1）式可知

$$X_k = \pm \frac{k\lambda}{d} D \qquad (18\text{-}2)$$

这样，由（18-2）式相邻两明条纹的间距为

$$\Delta X = X_{k+1} - X_k = \frac{D}{d}\lambda$$

于是

$$\lambda = \frac{d}{D}\Delta X \qquad (18\text{-}3)$$

对暗条纹也可得到同样的结果。（18-3）式即为本实验测量光波波长的公式。

【仪器介绍】

下面详细介绍测微目镜。

测微目镜是用来测量微小间距的仪器，由目镜、可动分划板、固定分划板、读数鼓轮与连接装置组成。其结构外形简图如图 18-3 所示。

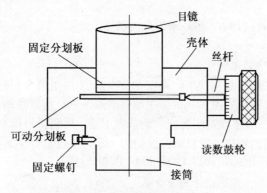

图 18-3　测微目镜

使用时，通过转动读数鼓轮带动丝杆可以推动可动分划板左右移动，该分划板上刻有十字交叉线，其移动方向垂直于目镜光轴，移动距离可通过带有刻度的不动鼓轮及可动读数鼓轮读出。测微目镜的读数方法与螺旋测微计相似，竖线或交叉点位置的毫米数由不动鼓轮的刻度读出，毫米以下的读数由可动鼓轮上确定。本仪器测长范围 0～10mm，测量精度为 0.01mm，可以估读到 0.001mm。

使用时应先调节接目镜，叉丝清晰后（此时待测物必须成像在分划板平面上）转动鼓轮，推动分划板使叉丝的交点或竖线与待测物的像边缘重合，便可得到一个读数。转动鼓轮使叉丝的交点或竖线移动到待测物像的另一边缘上，又得到一个读数，两读数之差即为待测物像的大小。

【实验内容与步骤】

1. 实验步骤

（1）调节光源 Q，狭缝 S，透镜 L_1，双棱镜 B 及测微目镜 M，使它们等高，并在平行于光具座的同一直线上（SB 约为 25 厘米，SM 约为 110 厘米）。$f_凸 \approx 25 \sim 26$ 厘米。

（2）取下透镜，点亮钠灯，将狭缝开大些。用白纸检查从狭缝射出的光束是否对称地射在双棱镜的棱脊两侧。如射到，看折射光束的重叠部分是否能进入测微目镜的视场中心附近。否则可调节光源狭缝或者双棱镜的横向位置。

（3）绕水平轴（平行和垂直于光轴的两个方向）旋转狭缝或双棱镜，使双棱镜的棱脊背与狭缝严格平行。这时可看到清晰的亮带或者干涉条纹。

（4）调节狭缝宽度，使目镜中干涉条纹清晰。

（5）用测微目镜测干涉条纹的宽度五次，取平均值。

（6）用辅助棒测 D 值五次，取平均值。

（7）放上透镜，用透镜两次成像法测两虚光源的间距 d 。为此要找到两虚光源的扩大和缩小的实像。测其宽度 d_1 及 d_2 各五次，取平均值，代入公式 $d = \sqrt{d_1 d_2}$ 中求出 d 。

（8）代入公式（18-3）中，求出光波长 λ 。

2. 实验内容

（1）测量条纹的宽度 δ_x 。

调节各仪器在同一水平线上，并在 BM 之间先用眼睛来判断，使双棱镜与狭缝平行。然后调节狭缝宽度，从目镜中观察干涉条纹。前后移动 B 及 M ，并微微转动 B 使看到的干涉条纹清晰为止。调节完毕后，用测微目镜测出相隔较远的两条暗（亮）纹之间的距离，除以所经过的明（暗）条纹数目（本实验可测出 10 条或 20 条干涉条纹的间距，除以 10 或 20），即得 δ_x 值。

（2）测量两虚光源间的距离 d 。

在双棱镜与测微目镜之间放一凸透镜 L_2 ，利用透镜两次成像测出两虚光源的间距 d 。具体做法：测微目镜不动，前后移动透镜 L_2 ，分别找到两虚光源的放大和缩小的实像。测其宽度为 d_1 、d_2 。测几次后取平均值代入公式 $d = \sqrt{d_1 d_2}$ ，求出两虚光源的宽度。

（3）测 D 值。

用辅助棒测量 S 和 M 的坐标位置，即可求出 S 到 M 的距离。

求出波长，写出结果表达式，要求计算不确定度，A 类不确定度用贝塞尔公式计算，B 类不确定度参看透镜成像实验题目。

【注意事项】

（1）使用测微目镜时，读数时鼓轮按一个方向转动，不要中途反向，以免引起回程误差。

（2）旋转读数鼓轮时，动作要平衡，如已达到一端，则不能继续旋转，否则会损坏螺旋。

（3）调节狭缝宽度时要小心，不要损坏狭缝。

【实验数据表格】

	D_1	D_2	D	δ_{X0}	δ_{X10}	δ_X	$d_{1左}$	$d_{1右}$	d_1	$d_{2左}$	$d_{2右}$	d_2
1												
2												
3												
	D_1	D_2	D	δ_{X0}	δ_{X10}	δ_X	$d_{1左}$	$d_{1右}$	d_1	$d_{2左}$	$d_{2右}$	d_2

4										
5										
平均										

注：1. 首先测出等高棒丁字针的长 L

2. $D = |D_1 - D_2| + L$

3. $\delta_x = \dfrac{|\delta_{x0} - \delta_{x10}|}{10}$

4. $d_1 = |d_{1左} - d_{1右}|$；$d_2 = |d_{2左} - d_{2右}|$；$d = \sqrt{d_1 d_2}$

5. 最后计算出钠光的波长，以 nm（纳米）为单位，$\lambda = \dfrac{d \cdot \delta_x}{D}$

【思考题】

1. 如何将干涉条纹快速调出来？

2. 证明 $d = \sqrt{d_1 d_2}$。

3. 双棱镜与光源之间为什么要放置一个狭缝？改变狭缝宽度对于干涉条纹有何影响？为什么？

4. 双棱镜产生的干涉条纹花样是什么样的？实验中观察到的花样又是什么样的？为什么？

实验十九　分光计的调整及使用

【实验目的】

1. 了解分光计的结构，各个组成部分的作用；
2. 分光计调整的要求和调整的方法；
3. 学习用分光计测量角度。

【仪器及用具】

分光计、三棱镜

【实验原理】

1. 测量三棱镜的顶角

三棱镜由两个光学面 AB 和 AC 及一个毛玻璃面 BC 构成。三棱镜的顶角是指 AB 与 AC 的夹角 α，如图 19-1 所示。

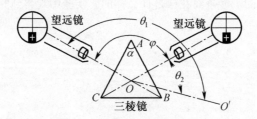

图 19-1　三棱镜

自准值法就是用自准值望远镜光轴与 AB 面垂直，使三棱镜 AB 面反射回来的小十字像位于分划板十字准线中央，由分光仪的度盘和游标盘读出这时望远镜光轴相对于某一个方位 OO' 的角位置 θ_1；再把望远镜转到与三棱镜的 AC 面垂直，由分光仪度盘和游标盘读出这时望远镜光轴相对于 OO' 的方位角 θ_2，于是望远镜光轴转过的角度为 $\varphi = \theta_2 - \theta_1$，三棱镜顶角为

$$\alpha = 180° - \varphi$$

由于分光仪在制造上的原因，主轴可能不在分度盘的圆心上，可能略偏离分度盘圆心。因此望远镜绕过的真实角度与分度盘上反映出来的角度有偏差，这种误差叫偏心差，是一种系统误差。为了消除这种系统误差，分光仪分度盘上设置了相隔180°的两个读数窗口（A、B 窗口），而望远镜的方位 θ 由两个读数窗口读数的平均值来决定，而不是由一个窗口来读出，即

$$\theta_1 = \frac{(\theta_1^A + \theta_1^B)}{2}, \quad \theta_2 = \frac{(\theta_2^A + \theta_2^B)}{2} \tag{19-1}$$

于是，望远镜光轴转过的角度应该是

$$\varphi = \theta_2 - \theta_1 = \frac{\left|\theta_2^A - \theta_1^A\right| + \left|\theta_2^B - \theta_1^B\right|}{2}$$

$$\alpha = 180° - \frac{\left|\theta_2^A - \theta_1^A\right| + \left|\theta_2^B - \theta_1^B\right|}{2} \tag{19-2}$$

2. 用最小偏向角法测定棱镜玻璃的折射率

如图 19-2 所示，在三棱镜中，入射光线与出射光线之间的夹角 δ 称为棱镜的偏向角，这个偏向角 δ 与光线的入射角有关

$$\alpha = i_2 + i_3 \tag{19-3}$$

$$\delta = (i_1 - i_2) + (i_4 - i_3) = (i_1 + i_4) - \alpha \tag{19-4}$$

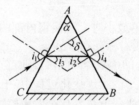

图 19-2　最小偏向角法测定三棱镜折射率

由于 i_4 是 i_1 的函数，因此 δ 实际上只随 i_1 变化，当 i_1 为某一个值时，δ 达到最小，这最小的 δ 称为最小偏向角。

为了求 δ 的极小值，令导数 $\dfrac{\mathrm{d}\delta}{\mathrm{d}i_1} = 0$，由（19-4）式得

$$\frac{\mathrm{d}i_4}{\mathrm{d}i_1} = -1 \tag{19-5}$$

由折射定率得

$$\sin i_1 = n \sin i_2, \quad \sin i_4 = n \sin i_3$$

$$\cos i_1 \mathrm{d}i_1 = n \cos i_2 \mathrm{d}i_2, \quad \cos i_4 \mathrm{d}i_4 = n \cos i_3 \mathrm{d}i_3$$

于是，有

$$\mathrm{d}i_3 = -\mathrm{d}i_2$$

$$\frac{\mathrm{d}i_4}{\mathrm{d}i_1} = \frac{\mathrm{d}i_4}{\mathrm{d}i_3} \cdot \frac{\mathrm{d}i_3}{\mathrm{d}i_2} \cdot \frac{\mathrm{d}i_2}{\mathrm{d}i_1} = \frac{n \cos i_3}{\cos i_4} \times (-1) \times \frac{\cos i_1}{n \cos i_2} = -\frac{\cos i_3}{\cos i_4} \frac{\cos i_1}{\cos i_2}$$

$$= -\frac{\cos i_3 \sqrt{1 - n^2 \sin^2 i_2}}{\cos i_2 \sqrt{1 - n^2 \sin^2 i_3}} = -\frac{\sqrt{\sec^2 i_2 - n^2 tg^2 i_2}}{\sqrt{\sec^2 i_3 - n^2 tg^2 i_3}}$$

$$= -\frac{\sqrt{1+(1-n^2)tg^2 i_2}}{\sqrt{1+(1-n^2)tg^2 i_3}}$$

此式与（19-3）式比较可知 $tgi_2 = tgi_3$，在棱镜折射的情况下，$i_2 < \frac{\pi}{2}$，$i_3 < \frac{\pi}{2}$，所以

$$i_2 = i_3$$

由折射定律可知，这时 $i_1 = i_4$。因此，当 $i_1 = i_4$ 时 δ 具有极小值。将 $i_1 = i_4$、$i_2 = i_3$ 代入（19-3）、（19-4）式，有

$$\alpha = 2i_2 , \quad \delta_{\min} = 2i_1 - \alpha , \quad i_2 = \frac{\alpha}{2} , \quad i_1 = \frac{1}{2}(\delta_{\min} + \alpha) .$$

$$n = \frac{\sin i_1}{\sin i_2} = \frac{\sin\left[\frac{(\delta_{\min} + \alpha)}{2}\right]}{\sin\left(\frac{\alpha}{2}\right)} \qquad (19\text{-}6)$$

由此可见，当棱镜偏向角最小时，在棱镜内部的光线与棱镜底面平行，入射光线与出射光线相对于棱镜成对称分布。

由于偏向角仅是入射角 i_1 的函数，因此可以通过不断连续改变入射角 i_1，同时观察出射光线的方位变化。在 i_1 的上述变化过程中，出射光线也随之向某一方向变化。当 i_1 变到某个值时，出射光线方位变化会发生停滞，并随即反向移动。在出射光线即将反向移动的时刻就是最小偏向角所对应的方位，只要固定这时的入射角，测出所固定的入射光线角坐标 θ_1，再测出出射光线的角坐标 θ_2，则有

$$\delta_{\min} = |\theta_1 - \theta_2| \qquad (19\text{-}7)$$

【仪器介绍】

分光计又叫分光测角仪，用来精确测量平行光线的偏转角度，它是测定棱镜、晶体折射率或折射角必备的仪器。

分光计是由底座、望远镜、平行光管、载物台、读数装置等五部分组成，如图 19-3 所示。

（1）三角架是整个分光计的底座。架座中心有一垂直方向的转轴，望远镜和读数盘可以绕该轴转。

（2）望远镜部分结构如图 19-4 所示。望远镜由物镜目镜组成。为了调节和测量，物镜与目镜之间装有分划板。分划板固定在 B 筒上。目镜装在 B 筒里并可沿 B 筒前后滑动，以改变目镜与分划板的距离，使分划板能调到目镜的焦平面上。物镜固定在 A 筒另一端，本身是消色差的复合正透镜。B 筒可沿 A 筒滑动，以改变分划板与物镜的距离，使分划板既能调到目镜焦平面上，又同时能调到物镜焦平面上。目镜由场镜和接目镜组成。在目镜与分划板之间装一个反射小三棱

镜。光线经小三棱镜反射将分划板十字照亮。由目镜望去这小三棱镜将分划板下部遮住，故只能看到分划板上部。望远镜下面的螺钉 15 用来调整望远镜光轴的高低。转动螺钉 20 可对望远镜进行微调整。转动螺钉 10 可对望远镜光轴水平调节。当固定螺钉 28、放松螺钉 27，望远镜与度盘一起转动，任一位置都可在游标盘上读出角度值。

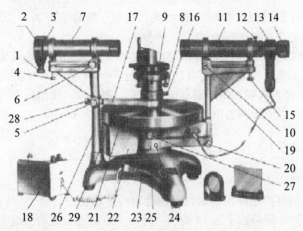

1—狭缝宽度调节手轮；2—狭缝体；3—狭缝体锁紧螺钉；4—狭缝体高低调节手轮；
5—游标盘微调手轮；6—平行光管水平调节螺钉；7—平行光管部件；8—载物台调
平螺钉；9—载物台；10—望远镜水平调节螺钉；11—望远镜部件；12—目镜锁紧螺
钉；13—阿贝式自准直目镜；14—目镜视度调节手轮；15—望远镜光轴高低调节螺
钉；16—载物台锁紧螺钉；17—制动架（1）；18—变压器；19—支臂；20—望远镜
微调螺钉；21—度盘；22—转座；23—底座；24—望远镜止动钉；25—制动架（2）；
26—立柱；27—度盘止动螺钉；28—游标盘止动螺钉；29—游标盘

图 19-3　分光计

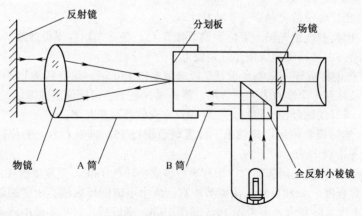

图 19-4　望远镜部分结构

（3）载物台：载物台 9 套在游标盘上，可以绕中心轴旋转。旋紧载物台锁紧螺钉 16 和制动架 25 与标盘止动螺钉 28 时，借助立柱上的调节螺钉 5，可以对载物台进行微调（载物台可随游标盘微转）。放松载物台锁紧螺钉 16 时，载物台可根据需要升高或降低。调到所需位置后，再把锁紧螺钉旋紧。载物台有三个高低调节螺钉，用来调节使载物台面与旋转中心线垂直。

（4）平行光管：平行光管 7 安装在立柱上。平行光管的光轴位置可以通过立柱上的调节螺钉 5.6 进行微调整。平行光管带有一狭缝装置 2，可沿光轴移动和转动。狭缝的宽度在 0.02～2mm 内可以调节。

（5）读数圆盘：度盘和游标盘套在中心轴上，可以绕中心轴旋转。度盘下端有一推力轴承支撑，使旋转轻便灵活。度盘上刻有 720 等分的刻线，每一格的格值为 30 分。对径方向设有两个游标读数装置。测量时，读出两个读数值，然后取平均值，这样可以消除偏心引起的误差。

【仪器的调整】

● 目镜调焦

目镜调焦的目的是使眼睛通过目镜能很清楚地看到目镜中分划板上的刻线。调焦方法：先把目镜调焦手轮 14 旋出；然后一边旋进一边从目镜中观察，直到分划板刻线成像清晰。

● 望远镜调焦

望远镜调焦的目的是将目镜分划板上的亮十字线调整到物镜的焦平面上，也就是望远镜对无穷远调焦。调焦方法：接通电源，把望远镜的调节螺钉 10、15 调到适中位置。在载物台的中央位置上放上平行平板玻璃，且与望远镜光轴大致垂直。通过调节载物台的调平螺钉 8 和转动载物台，使望远镜的反射像落在望远镜视场内。从目镜中观察，此时可以看到一亮斑。前后移动目镜，对望远镜进行调焦，使亮十字成像清晰。

1. 调整望远镜的光轴垂直于旋转主轴

（1）调整望远镜光轴上下位置调节螺钉 15，使光学附件平板玻璃（小镜子）反射回来的亮十字精确地成像在分划板上方的十字线上。

（2）把游标盘连同载物台平行平板玻璃旋转 180°时，观察到亮十字可能与上方十字线叉丝有一个垂直方向的位移，就是说，亮十字可能偏高或偏低。

（3）调节载物台调平螺钉，先使垂直方向位移减少一半。

（4）然后调整望远镜光轴上下位置调节螺钉 15，使垂直方向的位移完全消除，这叫各半调节法。

（5）把游标盘连同载物台，平行平板玻璃再转过 180°，重复步骤（3）、（4），检查其重合程度。如此反复几次调节，直到两个小镜面反射的亮十字的像都和分划板上的上方叉丝重合，参考图 19-5 和图 19-6，调好后，以后实验中就不要再调节望远镜光轴上下位置调节螺钉 15 了。

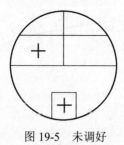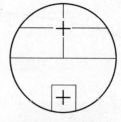

图 19-5　未调好　　　　　　　　图 19-6　调好

2. 将分划板十字线调成水平和垂直

当载物台连同平行平板玻璃相对望远镜旋转时，进行观察，如果分划板的水平刻线与反射回的亮十字的移动方向不平行，就松开目镜锁紧螺钉 12，转动 B 筒上的目镜，使亮十字的移动方向与分划板的水平线平行。注意不要破坏望远镜的调焦，然后将目镜锁紧螺钉 12 旋紧。

3. 平行光管的调焦

目的是把狭缝调整到平行光管物镜的焦平面上。步骤是：首先去掉望远镜目镜照明器上的光源，打开狭缝 1，用漫反射光照明狭缝，前后移动狭缝装置 2，使狭缝清晰地成像在望远镜分划板平面上。然后把平行光管左右位置调节螺钉 6 调适中的位置。从望远镜目镜中观察，调节望远镜光轴水平调节螺钉 10，平行光管上下位置调节螺钉 4，使狭缝位于视场中心。最后松开锁狭缝装置 2 的螺钉 3，旋转狭缝装置，使狭缝与目镜分划板的垂直刻线平行。在调节时不要破坏平行光管的调焦，然后将狭缝装置锁紧螺钉 3 旋紧。

【读数方法】

角游标的读法是以角游标的零线为准，读出"度"数。再找游标上与刻度盘上刚好重合的刻度线为"分"数。例如图 19-7，游标尺上 22 条线与刻度盘上的刻线重合，故读数为149°22′；如图 19-8 所示，游标尺上 15 与刻度盘上刻线重合，但游标尺上的零线过了刻度的半度线，故读为149°45′（因半度为30′）。

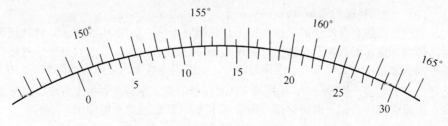

图 19-7　示例 1

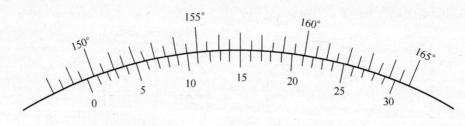

图 19-8　示例 2

【内容与步骤】

1. 按前面所述步骤将分光计调整好。

2. 用分光计测量三棱镜的顶角。

（1）要求三棱镜的主截面垂直于分光计的转轴。把三棱镜按图 19-9 放在载物台上。调节待测顶角的两个侧面与仪器的转轴平行，即与已调好的望远镜光轴垂直。为了便于调节可以将棱镜三边垂直于载物台平台下三个螺钉的连线，如图 19-9 所示，转动平台使 AB 面与望远镜光轴垂直（不能再调望远镜上下调节螺钉 15，否则分光计的调节前功尽弃）。然后，将 AC 面对准望远镜。调节载物台螺钉 B_3 使 AC 面与望远镜光轴垂直，直到由两个侧面（AB 和 AC）反射回来的亮十字与分划板上方十字叉丝线重合为止。这样三棱镜面 AB 和 AC 面就与分光计转轴平行，也就是三棱镜的主截面垂直于仪器的转轴了。

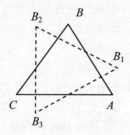

图 19-9　三棱镜主截面垂直于分光计的转轴

（2）测三棱镜的顶角 A。

利用望远镜自身产生的平行光，用灯光照亮十字，如图 19-6 所示。转动载物台（即游标盘，因载物台与游标盘相连），先使棱镜面 AB 面反射的亮十字与望远镜分划板上方十字叉丝重合。固定载物台，记下刻度盘上两边的游标读数 θ_1、θ_2。然后松开载物台，并转动它，使棱镜 AC 面反射的亮十字与分划板上方十字叉丝重合，固定载物台，记下两游标指示的数 θ_1' 和 θ_2'（注意两数不能颠倒）。则

$$\phi = \frac{1}{2}(\phi_1 + \phi_2) = \frac{1}{2}\left[|\theta_1 - \theta_1'| + |\theta_2 - \theta_2'|\right]$$，由图 19-10 可知棱镜顶角：

$A = 180° - \phi$。按上述方法转五次载物台，测出五组数据，填入数据表格中。

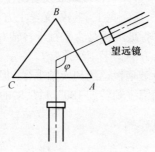

图 19-10　测顶角 A

【数据表格】

次＼量	AB 面		AC 面	
	θ_1	θ_2	θ'_1	θ'_2
1				
2				
3				
4				
5				
平均				

【数据处理方法与步骤】

计算公式：

$\overline{A} = 180° - \overline{\phi}$

①当 θ_1、θ_2 都不过 0 线时：　　$\overline{\phi} = \dfrac{1}{2}\left(\left|\overline{\theta}_1 - \overline{\theta}'_1\right| + \left|\overline{\theta}_2 - \overline{\theta}'_2\right|\right)$

②当 θ_1 过 0 线时：　　$\overline{\phi} = \dfrac{1}{2}\left[360^0 - \left|\overline{\theta}_1 - \overline{\theta}'_1\right| + \left|\overline{\theta}_2 - \overline{\theta}'_2\right|\right]$

③当 θ_2 过 0 线时：　　$\overline{\phi} = \dfrac{1}{2}\left[\left|\overline{\theta}_1 - \overline{\theta}'_1\right| + 360^0 - \left|\overline{\theta}_2 - \overline{\theta}'_2\right|\right]$

【思考题】

如何调整才能使分光计迅速达到要求？

1. 作图证明，如果望远镜已经垂直于转轴，但平行玻璃板平面跟转轴成一角度，那么反射的亮十字和平行玻璃板绕轴转 180° 后反射的亮十字必有一个在分划板叉丝上方，另一个在分划板叉丝下方，且和分划板叉丝线等距离。

2．实验时，观察到现象是：平行玻璃板反射的十字在分划板叉丝上方，距叉丝为 a，平行玻璃板转 $180°$ 后，亮十字仍在叉丝上方，但距叉丝为 $5a$，问：（1）望远镜是否垂直于转轴？平行玻璃板是否平行于转轴？（2）怎样调节能迅速使两次反射的亮十字和分划板上方的十字刻线重合？

3．作图证明，如果平行玻璃板已经和转轴平行，但望远镜和转轴成一角度 α，那么，反射的亮十字和平面镜绕轴转过 $180°$ 后反射的亮十字位置不变。

实验二十　光栅的衍射

【实验目的】

1．观察光栅衍射光谱，进一步了解光的波动特征；
2．会用透射光栅测光栅常数及光波波长；
3．进一步熟悉分光计的调整和使用。

【仪器及用具】

分光计、光源、光栅、汞灯

【实验原理】

光栅也称衍射光栅，是利用多缝衍射原理使光发生色散（分解为光谱）的光学元件。它是一块刻有大量平行等宽、等距狭缝（刻线）的平面玻璃或金属片。光栅的狭缝数量很大，一般每毫米几十至几千条。单色平行光通过光栅每个缝的衍射和各缝间的干涉，形成暗条纹很宽、明条纹很细的图样，这些锐细而明亮的条纹称作谱线。谱线的位置随波长而异，当复色光通过光栅后，不同波长的谱线在不同的位置出现而形成光谱。光通过光栅形成光谱是单缝衍射和多缝干涉的共同结果。光栅产生的条纹具有强度大、条纹窄、彼此间隔宽的特点，有极好的分辨性能。因此利用光栅衍射可以精确地测定波长。

衍射光栅产生的光谱线的位置，可用式 $d\sin\varphi_k = k\lambda$ 表示。式中 d 称作光栅常数，d =狭缝宽度 a+狭缝间距 b；φ_k 为衍射角，λ 是波长，k =0，±1，±2…是光谱级数。用此式可以计算光波波长。

在衍射角 φ 的方向上，来自两个相邻缝相对应的衍射光的光程差为 Δ，如图 20-1 所示，则 $\Delta = d\sin\varphi$。当 $\Delta = k\lambda$（k =0，±1，±2…）时，干涉出现极大值，k 是光谱级数。如果用会聚透镜把这些衍射后的平行光会聚起来，则在透镜的焦面上将出现亮线，称为谱线。在 $\varphi_k = 0$ 方向上可观察到中央极强，称为零级谱线。其他级数的谱线对称地分布在零级谱线的两侧。如果入射光不是单色光，则由光栅方程 $(a+b)\sin\varphi_k = k\lambda$（$k$ =0，±1，±2…）可知，λ 不同，φ_k 也不相同，于是复色光分解。而在中央明纹 k =0，φ_k =0 处，各色光仍重迭在一起。在中央明纹两侧对称地分布 k =1，2，…级光谱，各级谱线都按波长由小到大、依次排成一级彩色谱线，如图 20-2 所示，根据 $(a+b)\sin\varphi_k = k\lambda$，如能测出 k 级谱线的衍射角 φ_k，则从已知级数、波长大小，可以算出光栅常数 d；反之，已知光栅常数 d 则可算出波长 λ。

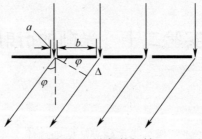

图 20-1　光栅的衍射

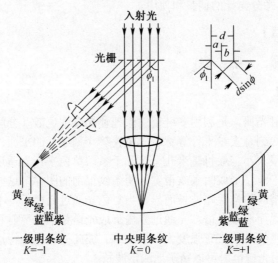

入射光

光栅

ϕ_1

黄
绿
绿
蓝蓝紫

紫蓝蓝
绿
黄

一级明条纹
$K=-1$

中央明条纹
$K=0$

一级明条纹
$K=+1$

图 20-2　各级谱线按波长排成一级彩色谱线

【实验内容及步骤】

1. 测定光栅常数

实验是在分光计上进行的，要使实验满足夫琅和费衍射的条件和保证测量准确，入射光应是平行光，而衍射后应用望远镜观察测量，所以要调整好分光计。具体调节方法参照分光计的调整和使用的实验。

（1）调整好分光计；

（2）光栅的放置和调整：

要求入射光垂直照射光栅表面，否则公式 $d\sin\varphi_k$ 不适用，并且平行光管狭缝与光栅条纹平行。其方法为：

①将光栅按图 20-3（a）所示放在载物台上，先目视，使光栅平面和平行光管轴线大致垂直，然后以光栅面作为反射面，调节载物台螺钉 $B_1 B_2$ 直到光栅面与望远镜轴线垂直，调节光栅支架或载物台螺钉 $B_1 B_2$，使得光栅的两个面反射回来的

亮十字像都与望远镜筒中上方叉丝重合。至此光栅平面与望远镜轴线垂直，并垂直于平行光管。然后固定载物台所在的游标盘。

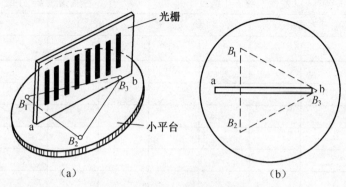

（a）　　　　　　　　　　（b）

图 20-3　光栅的放置和调整

②调节光栅的刻痕使其与转轴平行。使平行光管光轴对准汞灯，用汞灯照亮平行光管的狭缝，以保证有足够的光照射到光栅上。然后转动望远镜，一般可以看到一级和二级谱线正负分别位于零级两侧。注意观察叉丝交点是否在各条谱线中央，如果不是，可调节图 20-3（a）中的螺钉 B_3。注意不要再动 B_1 和 B_2 螺钉了，这样就可以调好。调好后再检查光栅平面是否仍保持和转轴平行。如果有了改变，就要反复多次，直到上面两个要求都满足为止。

转动望远镜观察整个衍射光谱是否在同一水平线上，如有变化，说明狭缝与光栅刻痕不平行，调节载物台上 B_3 螺钉。

因为衍射光谱对中央明纹是对称的，为了提高测量准确度，测量 k 级谱线时，应测出 $+k$ 级和 $-k$ 级谱线的位置。两角位置之差 φ 的一半即为 φ_k。为消除分光计刻度的偏心误差，测量从两个游标读数取平均值。所以 k 级谱线的衍射角为 $\varphi_k = \dfrac{\varphi}{2} = \dfrac{1}{4}\left[\left(|\theta_1 - \theta_1'|\right) + \left(|\theta_2 - \theta_2'|\right)\right]$。测量时，可将望远镜移到光谱的一端。如从 $\cdots +3, +2, +1$ 到 $\cdots -1, -2, -3 \cdots$ 级，依次测量。并根据上式计算出各级衍射角，再根据 $d\sin\varphi_k = k\lambda$ 计算出光栅常数 d。本实验以汞灯为光源，只测 ± 1 级光谱，重复测五次波长为 546.07nm 的绿光的衍射角 φ_k，代入光栅方程求出光栅常数 d。应注意 $+1$ 与 -1 级的衍射角相差不能超过几分，否则应重新检查入射角 i 是否为零。

2. 测定光波的波长

（1）测量汞灯或某一光源某一条谱线的衍射角。方法同上。本实验测汞灯的 $k = \pm 1$ 级时，紫线的波长 λ 的衍射角 φ_k。

（2）由测出的 d, k, φ_k（此处 k 取 1 级）代入光栅方程中，求出紫线的波长。

【参考数据表格】

量\次	左侧谱线 $k=1$ 级				右侧谱线 $k=-1$ 级			
	绿		紫		紫		绿	
	θ_1	θ_2	θ_1	θ_2	θ_1'	θ_2'	θ_1'	θ_2'
1								
2								
3								
4								
5								
平均								

【注意事项】

（1）在测量各级谱线衍射角的过程中，要经常查看中央明纹与亮十字线及叉丝是否重合，若不重合，则需要重新调整载物台。

（2）为了提高灵敏度，狭缝宽度应适当地调窄一些。

（3）严禁用手摸光栅表面，也不能用一般的布或纸擦试。

（4）分光计是较精密仪器，使用时动作要轻，不要用力过大，以免损坏零件。

附：两条钠黄光波长为 579.0nm，577.0nm；绿光波长为 546.1nm；蓝光波长为 435.8nm。

【数据处理】

1. 测光栅常数 d

$$\bar{d} = \frac{\lambda}{\sin\phi_{绿}}$$

$$\phi_{绿} = \frac{1}{4}(|\overline{\theta_1} - \overline{\theta_1'}| + |\overline{\theta_2} - \overline{\theta_2'}|)$$

$$\lambda = 546.07\text{nm}\quad（绿光）$$

2. 测紫光波长 λ

$$\bar{\lambda} = d\sin\phi_{紫}$$

$$\phi_{紫} = \frac{1}{4}(|\overline{\theta_1} - \overline{\theta_1'}| + |\overline{\theta_2} - \overline{\theta_2'}|)$$

实验二十一　迈克尔逊干涉仪的调整与使用

【实验目的】

1. 学习迈克尔逊干涉仪的原理、结构、调节和使用；
2. 观察等倾干涉、等厚干涉、定域干涉与非定域干涉；
3. 测定 He-Ne 激光或钠光的波长。

【仪器及用具】

迈克尔逊干涉仪、钠光灯、He-Ne 激光器、扩束镜等

【实验原理】

迈克尔逊干涉仪的工作光路如图 21-1 所示。（1）、（2）两束光经 M_1、M_2 反射后在 E 区相遇，发生干涉。P_1 为分光板，P_2 为补偿板，P_1、P_2 的材料及厚度完全相同，因此两束光的光程差与玻璃中的光程无关。如以 M_2' 表示 M_2 对金属膜的虚象，则两路光在 E 区产生的干涉可以看成是由 M_1 与 M_2' 间所夹的空气薄层形成的。

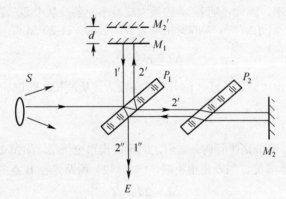

图 21-1　迈克尔逊干涉仪的工作光路

1. 等倾干涉

调节 M_1 与 M_2 互相垂直，即 M_1 与 M_2' 相平行。这时以倾角 i 入射的平行光经 M_1、M_2' 反射后成为（1）、（2）两束平行光，如图 21-2 所示。

它们的光程差：

$$\Delta L = AB + BC - AD = 2d\cos i \qquad (21\text{-}1)$$

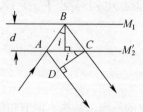

图 21-2　等倾干涉光路图

其中 d 为 M_1 与 M_2' 之间的距离，i 为入射角。

两路平行的反射光可用透镜会聚在一点发生干涉，这时具有某种相同倾角的入射光相干形成一条圆环，不同倾角的入射光形成明暗相间的同心圆环，条纹方程：

$$2d\cos i = \begin{cases} k\lambda & (明条纹) \\ (2k+1)\dfrac{\lambda}{2} & (暗条纹) \end{cases} \qquad (21\text{-}2)$$

式中 $k=0$，± 1，± 2，…

下面讨论等倾干涉的几个问题：

（1）d 一定，随着 i 从零开始变大，k 值由最大值起变小，各级条纹分布由粗而清晰变为细而模糊，间距由大变小。

（2）对干涉图象中的某一级条纹，随着 d 大，i 也随之变大，条纹向外扩张；反之，向中心收缩。因此，随着 d 的增大或减小，条纹从中心"冒出"或向中心"缩入"。设 M_1 移动 Δd 时，k 的变化量为 N，则从（21-2）式得

$$\Delta d = N\frac{\lambda}{2} \qquad (21\text{-}3)$$

可见，如数出"冒出"或"缩入"的条纹 N，从波长 λ 即可标定 Δd；反之，用 Δd 也可测定波长 λ。

2. 等厚干涉

当 M_1 与 M_2' 略偏离平行时，它们之间形成楔形空气层。如图 21-3 所示，考查 M_1 镜面处的干涉情况，当 θ 角很小时，（1）、（2）两路光在 B 点的光程近似为

$$\Delta L = 2d\cos i$$

d 为 B 处 M_1 与 M_2' 之间的距离，i 为入射角。当 i 足够小时

$$\cos i \approx 1 - \frac{i^2}{2}$$

$$\Delta L = 2d(1 - \frac{i^2}{2}) = 2d - di^2 \qquad (21\text{-}4)$$

光程差随入射角 i 的变化可以忽略，这样的入射可以形成等厚干涉。

事实上，等厚干涉条纹只能出现在 i 接近于零的区域，即在 M_1 与 M_2' 镜面的交线（两面光学接触）附近。其形状为平行于交线的直线。当观察点离开交线，i 逐渐变大时，能看到条纹发生凸向交线的弯曲。这说明入射角 i 对 ΔL 的影响不能忽略（为使 ΔL 不变，d 需变大）。光源不同点经 M_1、M_2' 反射进入瞳孔的光，在观察点 B 将有较大差别，如图 21-4 中的 S 与 S' 点。考虑光源不同点射出的光在 B 点干涉叠加的结果，条纹将变模糊。

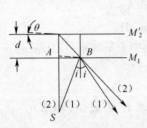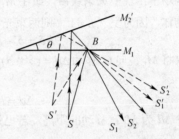

图 21-3　等厚干涉光路图 1　　　　图 21-4　等厚干涉光路图 2

3. 条纹的视见度

钠的两条强谱线的波长分别为 $\lambda_1 = 5890\text{Å}$，$\lambda_2 = 5896\text{Å}$。当光程差满足

$$\Delta L = 2d = k_1\lambda_2 = (k_2 + \frac{1}{2})\lambda_1 \tag{21-5}$$

时，λ_2 光形成的明条纹处 λ_1 光恰好形成暗条纹，两种条纹的明暗交错，造成条纹在视场中变模糊。如果两种光波的光强相等，则条纹的视见度

$$V = \frac{I_{\max} - I_{\min}}{I_{\max} + I_{\min}} = 0$$

式中 $I_{\max}$，$I_{\min}$ 分别表示 λ_1 与 λ_2 合光强的最大值和最小值。继续移动 M_1，视见度增加，条纹逐渐清晰。当

$$\Delta L' = 2d' = (k_1 + k)\lambda_2 = [k_2 + (k+1) + \frac{1}{2}]\lambda_1 \tag{21-6}$$

时，条纹视见度 V 再次变为零。由（12-6）式减（12-5）式得

$$2(d' - d) = k\lambda_2 = (k+1)\lambda_1$$

令 $d' - d = \Delta d$，则有

$$\lambda_2 - \lambda_1 = \frac{\lambda_1\lambda_2}{2\Delta d} = \frac{\lambda^2}{2\Delta d} \tag{21-7}$$

因 λ_1 与 λ_2 值很接近，$\sqrt{\lambda_1\lambda_2} \approx (\lambda_1 + \lambda_2)/2 = \bar{\lambda}$。故测得 Δd 即可由（21-7）式计算钠双线的波长差。

4. 白光干涉

白光是复合光，根据相干条件可知白光干涉条纹只能在零级附近产生，因条纹位置与波长有关。对于等厚直线干涉，若用白光源，在 M_2' 与 M_1 的交点处 $d=0$，对各种波长的光来说，其光程差均为 $\frac{\lambda}{2}$，故产生直线型暗条纹，即所谓中央条纹，在两旁有对称分布的彩色条纹。当 d 稍大时，因各种不同波长的光满足明暗条纹条件的情况不同，故明暗条纹相互重迭，结果就显不出条纹来。只有用白光才能判断中央条纹和定出 $d=0$ 的位置。

当视场中出现中央条纹后，如在 M_1 镜与 G_1 板之间放入折射率为 n、厚度为 l 的透明物体，因为空气 $n \approx 1$，则两束光程差增大值为

$$\Delta\delta = \delta' - \delta = 2l(n-1)$$

如果将 M_1 镜向 G_1 移动 $\Delta d = (\delta' - \delta)/2$，则中央条纹重新出现在原来位置，于是有

$$\Delta d = l(n-1) \tag{21-8}$$

式中 Δd 为 M_1 镜移动的距离，若已知 n 可求 l；若已知 l 可求 n。

【仪器介绍】

下面详细介绍迈克尔逊干涉仪。

迈克尔逊干涉仪如图 21-5 所示，仪器结构包括底座、导轨、传动部分（包括读数机构）及光学部件几部分。干涉仪的底座较重，导轨水平地装在底座上，使仪器有较好的稳定性。传动部分能使动镜沿导轨移动并显示移动量。动镜的底座固定在拖板上，由丝杆螺母机构带动，丝杆可由粗调手轮经齿轮传动，也可由微调鼓轮经蜗轮蜗杆对传动。光学部件包括动镜、参考镜、分光板和补偿板等。动镜、参考镜的后背装有方向调节螺钉，参考镜的方位还可由垂直拉簧螺丝和水平拉簧螺丝细调，干涉条纹可在观察屏上观察。

导轨和丝杆都经过严格的热处理及稳定化处理，轨面的直线性在水平及竖直方向均达到16"。移动仪器时只能搬底座，不得搬导轨以防变形。导轨要涂 T_5 仪表油润滑防锈。

丝杆螺距相邻误差小于 0.004mm。安装尾部顶力不能过重，不能受额外冲击，以免丝杆弯曲，精度下降，也用 T_5 仪表油润滑防锈。尾架调整螺帽内压有弹簧，弹簧弹力失效后要及时更换。

分光板与补偿板的厚度之差小于 0.01mm，两者所用材料的均匀性很高，折射率与色散系数的指标一致。两板本身的平行度均优于 1"。分光板的后表面平面度为 $\lambda/20$，镀铬膜，其他三个面的平面度优于 $\lambda/10$。这两块板的价格较贵，且损坏一块就得更换一对，因此要特别注意保护。如受到污染必须清洗时，需用无水酒精和乙醚的混合溶液冲洗或轻轻擦拭，绝对不允许干擦、硬擦。

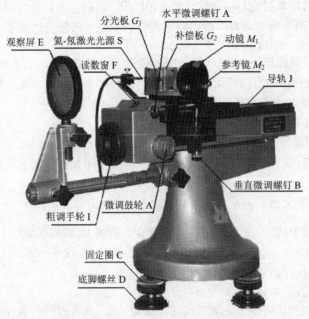

观察屏 E　氦-氖激光光源 S　分光板 G_1　水平微调螺钉 A
读数窗 F　补偿板 G_2　动镜 M_1
参考镜 M_2　导轨 J
垂直微调螺钉 B
粗调手轮 I　微调鼓轮 A
固定圈 C
底脚螺丝 D

图 21-5　迈克尔逊干涉仪

动镜及参考镜的材料为 k_9 玻璃，表面镀铝加氧化硅保护膜。镜面对可见光的反射率大于 85%，平面度为 $\lambda/10$。一旦镜面被手触摸或被唾沫、灰尘或油脂等污染时，要立即清洗，以防腐蚀镀膜层，镜后背的调节螺钉不要旋得过紧，以防镜片受压变形。

【实验内容】

1. 熟悉迈克尔逊干涉仪，按如下步骤作基本调整

（1）先用水准仪调整底脚螺丝 D，使导轨水平，再用固定圈 C 将其固定。然后调节 M_1 使它位于主尺 33mm 左右。

（2）点亮 He-Ne 激光器或钠灯，调节其高低及位置，使光束通过 G_1 经 M_1、M_2 反射在 E 处与光路垂直的观察屏上呈现两组分立的光斑。调节 M_1 和 M_2 镜后的螺丝，改变 M_1、M_2 的方位，使屏上两组光斑对应重合（主要使两组中最亮的两个点重合）。这样 M_1、$M_2{}'$ 就大致平行，在视场中可见到干涉条纹。

2. 观察点光源作定域干涉，测定 He-Ne 激光的波长

（1）将扩束镜放在激光束其轴线上，把激光束会聚成点光源照亮分光板，这时在磨沙玻璃屏 E 处可看到干涉条纹。

（2）仔细调节水平、垂直微调螺丝，使干涉条纹呈圆环。轻轻转动微调鼓轮，使 M_1 前后转动，观察干涉条纹如何变化，解释条纹"冒出"、"淹没"、粗细、疏密与间距 d 的关系。

（3）调节粗调鼓轮与细调鼓轮刻度相匹配，沿同一方向转动细调鼓轮，当有圆形条纹"冒出"或"淹没"时，将细调鼓轮沿原方向慢慢地调零，再调粗调鼓轮沿同方向指某一刻度。

（4）测量时选择能见度较好、中心为亮圆环（或暗环），记下 M_1 镜的初始位置读数 d_0，继续沿原方向转动细调鼓轮，每隔 50 个条纹记一次读数 d_i，连续读 450 个条纹，取条纹改变量 $\Delta N =250$ 条，用逐差法处理数据。

3. 观察等倾、等厚定域干涉

（1）将毛玻璃置于扩束镜和干涉仪的 G_1 之间，使球面波经过毛玻璃的漫散射成为扩展光源，认真调节镜面倾角，直到出现圆干涉条纹，上下左右移动眼睛观察，如发现圆环有扩张或收缩，则需细调拉簧丝，直到该现象消失，则 $M_1 /\!/ M_2'$。

（2）移动 M_1 镜观察条纹疏密及能见度变化情况并得出规律。

（3）移动 M_1 镜，使 M_1 与 M_2' 大致重合，稍调 M_1 镜后的螺钉，使 M_1 与 M_2' 不严格平行，即有一小夹角，视场中出现了直线干涉条纹——等厚条纹。移动 M_1 观察干涉条纹从弯曲变直再度弯曲，解释其现象。

4*. 观察白光干涉

（1）用白光代替激光光源，缓慢移动 M_1 镜，当观察到彩色直线条纹时，条纹的中心就是 M_1 与 M_2' 的交线，此处的条纹为白色，彩色条纹分布在两侧。由于白光干涉条纹较少，必须仔细地调节才能观察得到。

（2）自行设计如何利用白光来测透明物体的厚度 t。

5*. 测定钠光双线的波长差

（1）将 He-Ne 激光器换成钠光灯，按步骤 3 调出圆干涉条纹。

（2）缓慢移动 M_1 镜，调到视场中心的能见度最小，记下 M_1 镜的位置 d_1，再沿原方向转动细调鼓轮，移动 M_1 镜直到能见度再为最小，记下 M_1 镜的位置 d_2，即得 $\Delta d = |d_2 - d_1|$，重复测三次，求 Δd 的平均值，用 $\Delta\lambda = \dfrac{\lambda^2}{2\Delta d}$ 计算波长差。

【数据处理】

位置 d_i	$d_0=$	$d_1=$	$d_2=$	$d_3=$	$d_4=$
	$d_5=$	$d_6=$	$d_7=$	$d_8=$	$d_9=$
$\Delta d_i = \|d_{i+5}-d_i\|$	$\|d_0-d_5\|=$	$\|d_1-d_6\|=$	$\|d_2-d_7\|=$	$\|d_3-d_8\|=$	$\|d_4-d_9\|=$
$\lambda_i = \dfrac{2\|d_{i+5}-d_i\|}{5\times 50}$	$\lambda_1 =$	$\lambda_2 =$	$\lambda_3 =$	$\lambda_4 =$	$\lambda_5 =$

$$\lambda_i = \frac{2|d_{i+5}-d_i|}{5\times 50} \quad (i=0、1、2、3、4); \quad \overline{\lambda} = \frac{1}{5}\sum_{i=1}^{5}\lambda_i$$

注：最后计算出来的激光波长平均值以纳米（nm）为单位表示（1mm=10⁶nm）。

【注意事项】

（1）实验时不准用眼睛直视激光束，以免损伤视网膜。
（2）实验中绝对不允许用手触摸玻璃仪器的光学表面。
（3）不准旋动分光板 G_1 和补偿板 G_2 的螺丝。
（4）细调鼓轮只能缓慢地沿一个方向转动，以防止回程误差。

实验二十二　用阿贝折射仪测固体、液体的折射率

【实验目的】

1. 了解阿贝折射仪的结构，学会阿贝折射仪的调整和使用方法；
2. 掌握用掠入射法测定物质的折射率；
3. 用阿贝折射仪测固体、液体折射率；
4. 通过对不同温度下水折射率的测定，了解水的折射率随温度的变化关系。

【仪器及用具】

阿贝折射仪、待测的固体玻璃块、液体（酒精、汽油、水）

【实验原理】

如图 22-1 所示，有一单色扩展光从被测物质入射到三棱镜 AB 面上，光线经棱镜折射后，将从 AC 面折射出。被测物质的折射率为 n_x，棱镜的折射率为 n，顶角为 A。光线 1 是扩展光束中的任一光线。i 为入射角，φ 为出射角。若 $n > n_x$，$n_{空气} = 1$，当入射角 $i = 90°$，折射光线处于临界状态，其出射角 φ 最小，称为极限角，凡 $i < 90°$ 的光线，折射后，出射角均大于 φ。入射角 $i > 90°$ 的光线不能进入棱镜，因此在 AC 面一侧用眼看去或通过透镜看由 $i < 90°$ 产生各种方向的出射光组成了亮视场。$i > 90°$ 的光线被挡住，形成暗视场，这样在 AC 面一侧形成明暗视场。明暗视场的分界线就是 $i = 90°$ 的掠入射引起的极限方向角。利用折射定律可推出被测物质折射率公式，此处推导从略。

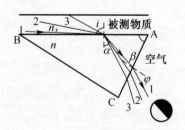

图 22-1　三棱镜折射光路图

如图 22-2 所示，若在已知折射率为 n 的直角棱镜 1 上面涂上一薄层待测液体，上面再加棱镜 2（或毛玻璃）将待测液体夹住，用扩展光源发出的光照射棱镜 2。

光通过棱镜 2 经过液体进入棱镜 1。其中一部分光线在进入液体时，传播方向平行于液体与棱镜的交界面，在 AC 侧面出现明暗视场，这就是掠入射法测液体折射率。用阿贝折射仪测量时，只要使明暗分界线与望远镜叉丝交点对准，就可直接读出 n_x 的值。

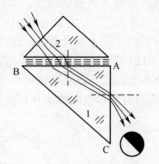

图 22-2　直角棱镜折射光路图

【仪器介绍】

1. 阿贝折射仪光学部分
仪器的光学部分由望远系统与读数系统两部分组成，如图 22-3 所示。

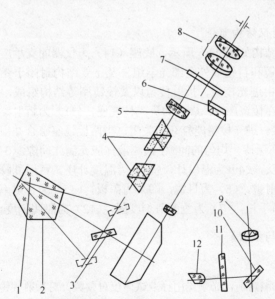

1—进光棱镜；2—折射棱镜；3—摆动反光镜；4—消色散棱镜组；5—望远物镜组；6—平行棱镜；7—分划板；8—目镜；9—读数物镜；10—反光镜；11—刻度板；12—聚光镜

图 22-3　阿贝折射仪光学部分

进光棱镜（1）与折射棱镜（2）之间有一微小均匀的间隙，被测液体就放在此空隙内。当光线（自然光或白炽光）射入进光棱镜（1）时便在其磨砂面上产生漫反射，使被测液层内有各种不同角度的入射光，经过折射棱镜（2）产生一束折射角均大于临界角 i 的光线。由摆动反射镜（3）将此束光线射入消色散棱镜组（4），此消色散棱镜组是由一对等色散阿米西棱镜组成，其作用是获得一可变色散来抵消由于折射棱镜对不同被测物体所产生的色散。再由望远物镜（5）将此明暗分界线成像于分划板（7）上，分划板上有十字分划线，通过目镜（8）能看到如图22-4（a）所示。光线经聚光镜（12）照明刻度板（11），刻度板与摆动反射镜（3）连成一体，同时绕刻度中心作回转运动。通过反射镜（10）、读数物镜（9）、平行棱镜（6）将刻度板上不同部位折射率示值成像于分划板（7）上，见图22-4（b）。

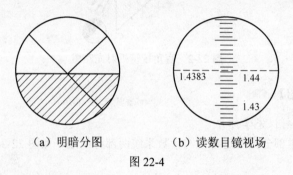

(a) 明暗分图　　　(b) 读数目镜视场

图 22-4

2. 阿贝折射仪结构部分

阿贝折射仪结构如图22-5所示，底座（14）为仪器的支承座，壳体（17）固定在其上。除棱镜和目镜以外全部光学组件及主要结构封闭于壳体内部。棱镜组固定于壳体上，由进光棱镜、折射棱镜以及棱镜座等结构组成，两只棱镜分别用特种粘合剂固定在棱镜座内。（5）为进光棱镜座，（11）为折射棱镜座，两棱镜座由转轴（2）连接。进光棱镜能打开和关闭，当两棱镜座密合并用手轮（10）锁紧时，两棱镜面之间保持一均匀的间隙，被测液体应充满此间隙。（3）为遮光板，（18）为四只恒温器接头，（4）为温度计，（13）为温度计座，可用乳胶管与恒温器连接使用，（1）为反射镜，（8）为目镜，（9）为盖板，（15）为折射率刻度调节手轮，（6）为色散调节手轮，（7）为色散值刻度圈，（12）为照明刻度盘聚光镜。

【实验内容与步骤】

1. 准备工作

（1）在开始测定前，必须先用标准试样校对读数。对折射棱镜的抛光面加1至2滴溴代萘，再贴上标准试样的抛光面，当读数视场指示于标准试样上之值时，观察望远镜内明暗分界线是否在十字线中间，若有偏差则用螺丝刀微量旋转图22-5上小孔（16）内的螺钉，带动物镜偏摆，使分界线象位移至十字线中心。通过反复地观察与校正，使示值的起始误差降至最小（包括操作者的瞄准误差）。校正完毕后，在以后的测定过程中不允许随意再动此部位。

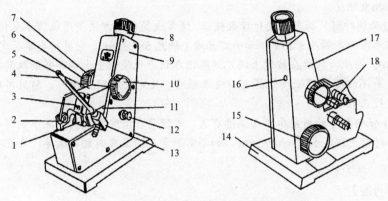

图 22-5　阿贝折射仪结构部分

如果在日常的测量工作中，对所测的折射率示值有怀疑时，可按上述方法用标准试样检验是否有起始误差，并进行校正。

（2）每次测定工作之前及进行示值校准时，必须将进光棱镜的毛面、折射棱镜的抛光面及标准试样的抛光面，用无水酒精与乙醚（1:4）的混合液和脱脂棉花轻擦干净，以免留有其他物质，影响成像清晰度和测量精度。

2. 测定工作

（1）测定透明、半透明液体。

将被测液体用干净滴管加在折射棱镜表面，并将进光棱镜盖上，用手轮（10）锁紧，要求液层均匀、充满视场、无气泡。打开遮光板（3），合上反射镜（1），调节目镜视度，使十字线成像清晰，此时旋转手轮（15）并在目镜视场中找到明暗分界线的位置，再旋转手轮（6）使分界线不带任何彩色，微调手轮（15），使分界线位于十字线的中心，再适当转动聚光镜（12），此时目镜视场下方显示的示值即为被测液体的折射率。

（2）测定透明固体。

被测物体上需有一个平整的抛光面。把进光棱镜打开，在折射棱镜的抛光面上加 1～2 滴溴代萘，并将被测物体的抛光面擦干净放上去，使其接触良好，此时便可在目镜视场中寻找分界线，瞄准和读数的操作方法如前所述。

（3）测定半透明固体。

被测半透明固体上也需有一个平整的抛光面。测量时将固体的抛光面用溴代萘粘在折射棱镜上，打开反射镜（1）并调整角度利用反射光束测量，具体操作方法同上。

【注意事项】

（1）测量工作开始前，要做好棱镜的清洁工作，以免在工作面上残留其他物质而影响测量精度。

（2）必须对阿贝折射仪进行读数校正。通常最简便的方法是用蒸馏水来校正，因为蒸馏水在一定温度（20℃）和一定光源（钠光 589.3nm），它的折射率为定值，$n = 1.3330$。因此，只要在棱镜上滴几滴蒸馏水到进光棱镜上，调节并读取其折射率的值，如不相符，可微动仪器上的校正螺旋，使完全相同。这样，阿贝折射仪的读数就校正好了。

（3）任何物质的折射率都与温度有关，本仪器在消除色散的情况下测得的折射率，其对应光波波长 $\lambda = 589.3nm$，如不需测量不同温度时的折射率，可在室温下进行。

【思考题】

1. 阿贝折射仪测定折射率的理论依据是什么？如待测物质的折射率大于折射棱镜的折射率，能否用阿贝折射仪测定？为什么？试讨论本实验所能测定的折射率的范围。

2. 分析望远镜中观察到的明暗视场分界线是如何形成的。

3. 若仪器未校准，它将主要影响测量的准确度还是精密度？

【参考数据表格】

折射率 n ＼ 次	1	2	3	4	5	平均
玻璃						
水						
酒精						
汽油						

实验二十三　白光全息摄影

【实验目的】

1. 学习掌握全息照相的基本原理及特点；
2. 用红敏光致聚合物全息干版在白光下拍摄全息片及全息片的再现观察；
3. 观察全息片的再现。

【仪器及用具】

半导体激光全息实验台、红敏光致聚合物干版、被拍摄的小物体、异丙醇

【实验原理】

全息摄影是指一种记录被摄物体反射波的振幅和位相等全部信息的新型摄影技术。普通摄影是记录物体面上的光强分布，它不能记录物体反射光的位相信息，因而失去了立体感。全息摄影采用激光作为照明光源，并将光源发出的光分为两束，一束直接射向感光片，另一束经被摄物反射后再射向感光片。两束光在感光片上叠加产生干涉，感光底片上各点的感光程度不仅随强度也随两束光的位相关系而不同。所以全息摄影不仅记录了物体上的反光强度，也记录了位相信息。

全息照相中所记录和重现的是物光波前的振幅和相位，感光乳胶不能直接记录相位，必须借助于一束相干参考光，通过拍摄物光和参考光的干涉条纹，间接记录下物光的振幅和相位。全息照相分为反射式全息照相（实验原理如图23-1 所示）和透射式全息照相（实验原理如图 23-2 所示)，本实验采用反射式全息照相。

　　　　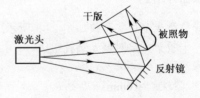

图 23-1　反射式全息照相　　　　图 23-2　透射式全息照相

反射式全息照相也称为白光重现全息照相，这种全息照相用相干光记录全息图，而用"白光"照明得到重现象。由于重现时眼睛接受的是白光在底片上的反射光，故称为反射式全息照相。

全息照相的拍摄要求包括如下几点。

1. 光源必须是相干光源

通过前面分析知道，全息照相是根据光的干涉原理，所以要求光源必须具有很好的相干性。激光的出现，为全息照相提供了一个理想的光源。这是因为激光具有很好的空间相干性和时间相干性，实验中采用 He-Ne 激光器，用其拍摄较小的漫散物体，可获得良好的全息图。

2. 全息照相系统要具有稳定性

由于全息底片上记录的是干涉条纹，而且是又细又密的干涉条纹，所以在照相过程中极小的干扰都会引起干涉条纹的模糊，甚至使干涉条纹无法记录。比如，拍摄过程中若底片位移一个微米，则条纹就分辨不清，为此，要求全息实验台是防震的。另外，气流通过光路、声波干扰以及温度变化都会引起周围空气密度的变化。因此，在曝光时应该禁止大声喧哗，不能随意走动，保证整个实验室绝对安静。实验过程中，各组都调好光路后，同学们离开实验台，稳定一分钟后，在同一时间内爆光，可得到较好的效果。

3. 物光与参考光应满足的条件

物光和参考光的光程差应尽量小，两束光的光程相等最好，最多不能超过 2cm，两束光之间的夹角要在 30°～60° 之间，最好在 45° 左右，因为夹角小，干涉条纹就稀，这样对系统的稳定性和感光材料分辨率的要求较低；两束光的光强比要适当，一般要求在 1:1～1:10 之间都可以。

4. 使用高分辨率的全息底片

因为全息照相底片上记录的是又细又密的干涉条纹，所以需要高分辨率的感光材料。全息摄影的发展取决于全息记录的介质。RSP-1 型全息红敏光致聚合干版是一种新型位相型全息记录介质，其最大特点是对红光，$\lambda = 632.8nm，647.1nm$ 的红光敏感，对蓝、绿光不太敏感，其原因是红敏光致聚合物全息干版对蓝、绿光吸收小。日光灯发出的荧光光谱中红光成分很小，所以 RSP-1 型红敏光致聚合物干版可在日光灯下或白昼光下进行明室操作。

【仪器介绍】

半导体激光全息实验仪如图 23-3 所示。激光全息实验仪是由底座、激光头、载物台、干版架、定时曝光装置组成。

技术参数：

（1）景深：>10mm；

（2）激光波长：650nm；

（3）激光输出功率：>25mW；

（4）功率稳定度：<±1%；

（5）定时范围：0.2～1000s；

（6）电源：交流 220V 50Hz 5W。

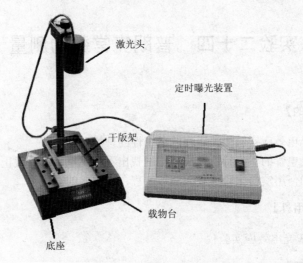

图 23-3　半导体激光全息实验仪

【实验步骤】

在稳定的台面上平稳地放置反射式全息台。连接激光头与定时曝光装置之间电缆，将电源插头插入 220V 电源插座，打开电源开关，按动"常开/定时"键，使仪器处于"常开"状态，激光输出，定时指示灯灭。按需要调整激光头位置和光路，设置曝光时间。

（1）用"点位"键将小数点置于适当位置。

（2）按住各位数码管下的键，数码管将逐字跳动，当跳到所需值时，放开按键。三位数字都调整完毕后，按动"常开/定时"键，激光器熄灭，定时指示灯亮。在干版架上放上干版，等待 1～2 分钟，使系统平稳。

（3）按动"启动"键，激光输出，对干版曝光，达到预定时间后，激光器自动关闭，曝光完成。曝光过程中严禁触摸全息台，以免引起震动。

（4）干版进行显影处理。在浓度为 40% 的异丙醇中脱水 20～50 秒，在 60% 的异丙醇中脱水 1 分钟，在 80% 的异丙醇中脱水 1 分钟，在 100% 的异丙醇中脱水直到出现清晰、明亮图像为止。

（5）迅速用吹风机吹干。观察全息图的白光再现。

【思考题】

1．白昼光下拍摄的全息图与在暗室中拍摄的全息图有什么异同。

2．在白昼光条件下拍出全息图，再现时是否再用激光再现。

实验二十四 普朗克常数的测量

【实验目的】

1．通过光电效应实验加深对光的量子性的理解；
2．测量光电管的伏安特性曲线，正确找出不同光频率下的截止电压；
3．掌握如何用实验来验证爱因斯坦方程，求出普朗克常数。

【仪器及用具】

ZKY-GD-3 光电效应实验仪

【实验原理】

本实验是以光电效应为基础来测定普朗克常数的。光电效应是 1887 年赫兹发现的，当一定频率的光照射到某些金属表面时，可以使电子从金属表面逸出，这种现象称为光电效应，所产生的电子称为光电子。光电效应实验装置如图 24-1 所示。在高真空的容器内密封着电极 A 和 K，光从石英窗照射到负极 K 上，由光电效应产生的光电子受电场加速向正极 A 迁移而构成光电流。

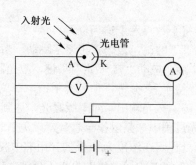

图 24-1 光电效应实验装置

1905 年爱因斯坦在光电效应和普朗克量子假说的基础上，提出了光量子理论，频率为 ν 的光波每个光子具有的能量为 $E = h\nu$，h 为普朗克常数，它的公认值为 $h = 6.626 \times 10^{-34} \text{J} \cdot \text{S}$。当光子照射到金属表面上时，一次被金属中的电子全部吸收，电子把这些能量的一部分用来克服与原子核之间的电磁力的束缚，从而能级跃迁，余下的就变为电子离开金属表面后的动能，按能量守恒定律，可写作

$$hv = \frac{1}{2}mv^2 + W \qquad (24\text{-}1)$$

m 为电子质量，υ 为光电子逸出金属表面的初速度，W 为被光线照射的金属材料的逸出功，$\frac{1}{2}m\upsilon^2$ 为从金属表面逸出光电子的最大初动能，此式即为爱因斯坦方程。

　　光电效应的基本规律如下：

　　（1）单位时间内，受光照的金属板释放出来的电子数和入射光的强度成正比；

　　（2）光电了从金属表面逸出时具有一定的动能，最大初动能等于电子的电荷量和遏止电压的乘积，与入射光的强度无关；

　　（3）光电子从金属表面逸出时的最大初动能与入射光的频率成线性关系。当入射光的频率小于截止频率 ν_0 时，不管入射光的强度多大，无论照射时间多长都不会产生光电效应。截止频率完全由材料本身决定；

　　（4）截止电压 u_a 的的物理意义：如反向电场的电位差为 u_a 时的临界条件脱出金属电极 K 后，具有最大动能的电子能否到达电极 A，此时 $eu_a=\frac{1}{2}m\upsilon^2$。

　　截止电压 u_a 与光强无关，与频率、材料的关系如图 24-2 的实验曲线所示。

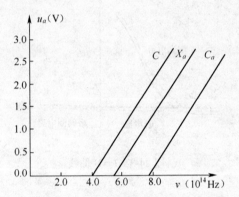

图 24-2　截止电压 u_a 与频率、材料的关系曲线

　　（5）不管光是强还是弱，只要照射光的频率大于截止频率，产生光电子就在瞬间完成，最多不超过 10^{-9} 秒。

　　实验时光电管的阳极接电源的负极，光电管的阴极接电源的正极，当 $u=u_a$ 时，光电子的最大初动能等于电子在两极板间运动时反抗电场力所做的功，即

$$\frac{1}{2}m\upsilon^2=eu_a \tag{24-2}$$

　　式中，e 为电子所带电量，u_a 为截止电压。

　　实验发现，入射光的频率 ν 和截止电压 u_a 之间具有线性关系，其数学公式为

$$u_a=k\nu-u_0 \tag{24-3}$$

　　其中，k 和 u_0 为常数，和金属种类有关。由（24-2）和（24-3）式可得：

$$eu_a = \frac{1}{2}mv^2 = ekv - eu_0 = hv - W$$

$$ek = h \qquad k = \frac{\Delta u_a}{\Delta v}$$

由此可见，要测得 h 值，关键在于准确地测出各频率对应的截止电压 u_a。实验中 u_a 是在 I～U 曲线上求得。由于暗电流和本底电流的影响，测得的曲线（实线）与其特性曲线不符合。由图 24-3 可见，实测的 I～U 曲线与横轴交点的电压值不等于截止电压 u_a。实验中根据实测电流特性曲线，对不同特性曲线的光电管采用不同的方法确定其截止电压，对于正向电流上升很快、反向电流很小的光电管，可采用光电流特性曲线与暗电流曲线交点的电压值近似地当作截止电压（交点法）。若特性曲线中反向电流较大而且饱和很快，可采用反向电流开始饱和时所对应的电压值 u_a 近似地代替截止电压（拐点法）。

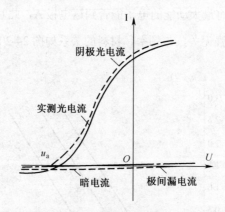

图 24-3 I—U 曲线

【仪器介绍】

ZKY-GD-3 光电效应实验仪结构如图 24-4 所示。

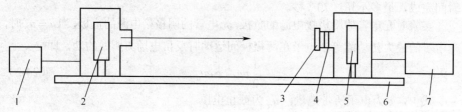

1—汞灯电源；2—汞灯；3—滤色片；4—光阑；5—光电管；6—基座；7—测试仪

图 24-4 ZKY-GD-3 光电效应实验仪结构

【实验内容】

1. 测试前准备

将测试仪及汞灯电源接通，预热 20 分钟。把汞灯及光电管暗箱遮光盖盖上，将汞灯暗箱光输出口对准光电管暗箱光输入口，调整光电管与汞灯距离为约 40cm 并保持不变。用专用连接线将光电管暗箱电压输入端与测试仪电压输出端（后面板上）连接起来（红—红，蓝 蓝）。将"电流量程"选择开关置于所选档位，仪器在充分预热后，进行测试前调零，旋转"调零"旋钮使电流指示为 000.0。用高频匹配电缆将光电管暗箱电流输出端与测试仪微电流输入端（后面板上）连接起来。

2. 测普朗克常数 h

将电压选择按键置于–2V～+2V 档；将"电流量程"选择开关置于 10^{-13} A 档，将测试仪电流输入缆断开，调零后重新接上；将直径 4mm 的光阑及 365.0nm 的滤色片装在光电管暗箱光输入口上。

从低到高调节电压，用"零电流法"测量该波长对应的 U_a，并将数据记于表中。依次换上 365.0 nm、404.7nm、435.8nm、546.nm、577.0nm 的滤光片，重复以上测量步骤。

【注意事项】

（1）更换滤光片时要将汞灯用遮光罩遮住，防止强光直射光电管。

波长 λ（nm）	365.0	404.7	435.8	546.1	577.0
频率 γ（$\times 10^{14}$Hz）	8.214	7.408	6.879	5.490	5.196
截止电压 U_a（V）					

（2）汞灯关闭后，必须待其冷却后方可重新开启电源，否则将影响汞灯的寿命。

【数据处理】

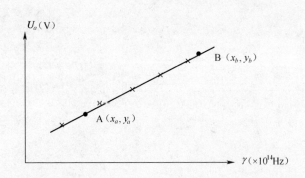

用作图法处理数据：用 U_a 作纵坐标，用 γ 作横坐标建立直角坐标系，根据表中实验数据描点画出直线，在直线上重新取两点 A、B，用这两点求出直线斜率 k。

计算：　$k = (y_b - y_a)/(x_b - x_a)$

$\qquad\qquad h = k \cdot e \,(\mathrm{J \cdot S})$

$E = |h - h_0|/ h_0 \times 100\%$（保留一位有效数字）

注：$e = -1.602 \times 10^{-19}\mathrm{C}$　　$h_0 = 6.626 \times 10^{-34}\mathrm{J \cdot S}$

实验二十五　用磁阻传感器法描绘磁场分布

【实验目的】

1. 了解和掌握用一种新型高灵敏度的磁阻传感器测定磁场分布的原理；
2. 测量和描绘圆线圈轴线上的磁场分布，验证毕－萨定理；
3. 学会测量地球磁场的水平分量。

【实验仪器】

FB516 型磁阻传感器法磁场描绘仪如图 25-1 所示。

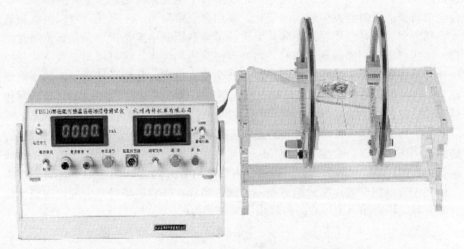

图 25-1　FB516 型磁阻传感器法磁场描绘仪

仪器技术参数：

① 线圈有效半径：$R = 10.0\text{cm}$；单线圈匝数：$N = 100$匝；

② 数显式恒流源输出电流：$0 \sim 199.0\text{mA}$ 连续可调；稳定度为 0.2%±1字；

③ 数显式特斯拉计（磁感强度计）：

量程 1　$0 \sim 199.9\mu T$，分辨率 $0.1\mu T$

量程 2　$0 \sim 1999\mu T$，分辨率 $1\mu T$

④ 测试平台：$300 \times 160\text{mm}$；

⑤ 交流市电输入：AC220V±10%，50Hz。

【实验原理】

1. 磁阻效应与磁阻传感器

物质在磁场中电阻率发生变化的现象称为磁阻效应。对于铁、钴、镍及其合金等磁性金属，当外加磁场方向平行于磁体内部磁化方向时，电阻几乎不随外加磁场变化；当外加磁场方向偏离金属的内部磁化方向时，此类金属的电阻减小，这就是强磁金属的各向异性磁阻效应。

磁阻传感器由长而薄的坡莫合金（铁镍合金）制成一维磁阻微电路集成芯片（二维和三维磁阻传感器可以测量二维或三维磁场）。它利用通常的半导体工艺，将铁镍合金薄膜附着在硅片上，如图 25-1 所示。薄膜的电阻率 $\rho(\theta)$ 依赖于磁化强度 M 和电流 I 方向间的夹角 θ，具有以下关系式：

$$\rho(\theta) = \rho_\perp + (\rho_{//} - \rho_\perp)\cos^2\theta \qquad (25\text{-}1)$$

其中 $\rho_{//}$、$\rho_\perp$ 分别是电流 I 平行于 M 和垂直于 M 时的电阻率。当沿着铁镍合金带的长度方向通以一定的直流电流，而垂直于电流方向施加一个外界磁场时，合金带自身的阻值会发生较大的变化，利用合金带阻值这一变化，可以测量磁场大小和方向。同时制作时还在硅片上设计了两条铝制电流带，一条是置位与复位带，该传感器遇到强磁场感应时，将产生磁畴饱和现象，也可以用来置位或复位极性；另一条是偏置磁场带，用于产生一个偏置磁场，补偿环境磁场中的弱磁场部分（当外加磁场较弱时，磁阻相对变化值与磁感应强度成平方关系），使磁阻传感器输出显示线性关系。

磁阻传感器是一种单边封装的磁场传感器，它能测量与管脚平行方向的磁场。传感器由四条铁镍合金磁电阻组成一个非平衡电桥，非平衡电桥输出部分接集成运算放大器，将信号放大输出。传感器内部结构如图 25-2 和图 25-3 所示。图中由于适当配置的四个磁电阻电流方向不相同，当存在外界磁场时，引起电阻值变化有增有减。因而输出电压 U_{out} 可以用下式表示为：

$$U_{\text{out}} = \left(\frac{\Delta R}{R}\right) \times U_{\text{b}} \qquad (25\text{-}2)$$

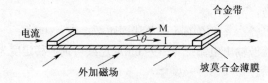

图 25-2　磁阻传感器的构造示意图

对于一定的工作电压，如 $U_b = 5.00\text{V}$，FB516 型磁阻传感器输出电压 U_{out} 与外加磁场的磁感应强度成正比关系：

$$U_{out} = U_0 + KB \qquad (25\text{-}3)$$

（25-3）式中，K 为传感器的灵敏度，B 为待测磁感应强度。U_0 为外加磁场为零时传感器的输出量。

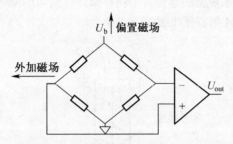

图 25-3　磁阻传感器内的惠斯通电桥

2. 载流圆线圈与亥姆霍兹线圈的磁场

（1）载流圆线圈磁场。

一半径为 R，通以直流电流 I 的圆线圈，其轴线上离圆线圈中心距离为 X 米处的磁感应强度的表达式为：

$$B = \frac{\mu_0 \cdot I \cdot R^2 \cdot N}{2 \cdot (R^2 + X^2)^{3/2}} \qquad (25\text{-}4)$$

式中 N 为圆线圈的匝数，X 为轴上某一点到圆心 O' 的距离，$\mu_0 = 4\pi \times 10^{-7}$ H/m，磁场的分布图如图 25-4 所示，是一条单峰的关于 Y 轴对称的曲线。

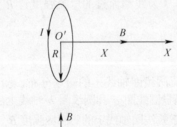

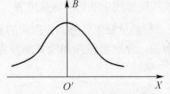

图 25-4　载流圆线圈磁场分布

（2）亥姆霍兹线圈。

两个完全相同的圆线圈彼此平行且共轴，通以同方向电流 I，线圈间距等于线圈半径 R 时，从磁感应强度分布曲线可以看出（理论计算也可以证明）：两线圈合磁场在中心轴线上（两线圈圆心连线）附近较大范围内是均匀的，这样的一对线圈称为亥姆霍兹线圈，如图 25-5 所示。从分布曲线可以看出，在两线圈中心连线一段，出现一个平台，这说明该处是匀强磁场，这种匀强磁场在科学实验中应用十分广泛。比如，大家熟悉的显像管中的行偏转线圈和场偏转线圈就是根据实际情况经过适当变形的亥姆霍兹线圈。

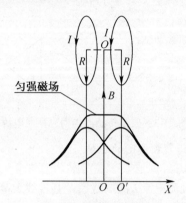

图 25-5　亥姆霍兹线圈磁场分布

由于亥姆霍兹线圈的特点是能在其轴线中心点附近产生较宽范围的均匀磁场区，所以常用作弱磁场的标准磁场。亥姆霍兹线圈公共轴线中心点位置的磁感应强度为：

$$B = \frac{8\mu_0 \cdot I \cdot N}{5^{3/2}R} \qquad (25\text{-}5)$$

式中 N 为线圈匝数，I 为线圈流过的电流强度，R 为亥姆霍兹线圈的平均半径，μ_0 为真空磁导率。

【实验内容】

（1）测量和描绘载流圆线圈轴线上的磁场分布，验证毕—萨定理；

（2）在相同电流下测量圆线圈 a 和圆线圈 b 轴线上的磁感应强度 B_a 和 B_b，然后在同一电流下测定亥姆霍兹线圈轴线上的磁感应强度 B_{a+b}，验证磁场的迭加原理；

（3）用亥姆霍兹线圈校正和测量磁阻传感器作探头的弱磁特斯拉仪的线性度；

（4）改变两线圈的间距 d，分别测量和描绘亥姆霍兹线圈中心轴线上的磁场分布。

【实验步骤】

（1）仪器按图 25-1 所示安装，用米尺测量线圈外径到工作台中心线的距离，适当调节，使两线圈的轴线与工作台中心线重合，按实验要求，调节线圈间距，并保证线圈平面与工作台垂直；

（2）磁阻传感器探头的航空插头内缺口向下，插入仪器上插座。然后将仪器通电，预热约 15 分钟后，可进行实验；

（3）测量载流圆线圈轴线上磁场分布：将圆线圈 a 或圆线圈 b 通电流，测定磁场分布；

（4）把圆线圈 a 和圆线圈 b 串联，改变线圈间距分别为：$d=R$ ，$d=R/2$ ，$d=2R$ ，通电后，测定磁场分布；

（5）磁阻传感器与实验仪组成高灵敏度特斯拉计，可以测量包括地磁场在内的弱磁场，为了消除地磁场和周围杂散磁场对实验测量的影响，实验人员在做实验时要避免随身携带容易造成电磁干扰的物品；

（6）移动测量探头到测量位置，要注意传感器与线圈轴线的夹角不变；

（7）对仪器复位，读数并记录数据（即复位传感器后再读数，因为电流冲击，可能使传感器饱和引起灵敏度下降）。

【数据与结果】

1. 载流圆线圈轴线上磁场分布的测量

表 25-1　$I=100\text{mA}$ （设载流圆线圈中心为坐标原点）

轴向距离 X （$\times 10^{-2}$ m）	–10	–9	……	0	……	9	10
磁感应强度 B （μT）							
磁感应强度理论值 $B_{理}=\dfrac{\mu_0 \cdot I \cdot R^2 \cdot N \cdot 10^6}{2(R^2+X^2)^{3/2}}$ （μT）							
$B-B_{理}$							
相对误差　$E=\left\|\dfrac{B-B_{理}}{B_{理}}\right\|\times 100\%$							

表格中包括测试点位置，数字式微特斯拉计读数 B 值，并在表格中写出各点的理论值，在同一坐标纸上画出实验曲线与理论曲线。

2. 亥姆霍兹线圈轴线上的磁场分布的测量

表 25-2　$I=100\text{mA}$ ，两个线圈间距 $d=R$ （设两线圈圆心连线中点为坐标点）

轴向距离 X （$\times 10^{-2}$ m）	–15	–14	–13	…	0	…	13	14	15
磁感应强度 B （μT）									
$B_{理}=\dfrac{8\mu_0 \cdot I \cdot N \cdot 10^6}{5^{3/2}R}$ （μT）									
相对误差 $E=\left\|\dfrac{B-B_{理}}{B_{理}}\right\|\times 100\%$									

根据数据记录，在方格坐标纸上画出 B~X 实验曲线。

3. 亥姆霍兹线圈轴线上的磁场分布的测量

表25-3 $I = 100\text{mA}$，$d = \dfrac{1}{2}R$ （设两线圈圆心连线中点为坐标原点）

轴向距离 X（$\times 10^{-2}$ m）	–15	–14	–13	...	0	...	13	14	15
B（μT）									

根据数据记录，在方格坐标纸上画出 B~X 实验曲线。

4. 亥姆霍兹线圈轴线上的磁场分布的测量

表25-4 $I = 100\text{mA}$，$d = 2R$ （设两线圈圆心连线中点为坐标原点）

轴向距离 X（$\times 10^{-2}$ m）	–15	–14	–13	...	0	...	13	14	15
B（μT）									

根据数据记录，在方格坐标纸上画出 B~X 实验曲线。

5. 记录并计算结果

关闭励磁电流，把磁阻传感器水平放置在测试平台上，注意附近不得有其他磁场，缓慢地旋转磁阻传感器，仔细寻找特斯拉计显示最大读数，记录该读数值，把磁阻传感器旋转 180 度，再仔细寻找特斯拉计显示最大读数。同样记录读数值，把两次读数的绝对值相加后求平均数，得到的结果即为本地区的地磁场的水平分量。

实验二十六　螺线管磁场的测量

【实验目的】

1. 学会 FB400 型螺线管磁场测定仪的使用方法；

2. 掌握用霍尔效应法测量磁场的原理，测量螺线管线圈中心轴线的磁感应强度分布；

3. 验证霍尔电势差与励磁电流（磁感应强度）及霍尔元件的工作电流成正比的关系式。

【仪器及用具】

FB400 型螺线管磁场测定仪、螺线管实验装置

【实验原理】

1. 霍尔效应

霍尔元件的工作原理如图 26-1 所示。若电流 I 流过厚度为 d 的半导体薄片，且磁场 B 垂直作用于该半导体，则电子流方向由于洛伦兹力作用而发生改变，该现象称为霍尔效应，在薄片两个横向面 a, b 之间产生的与电流 I、磁场 B 垂直方向产生的电势差称为霍尔电势差。

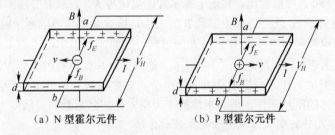

(a) N 型霍尔元件　　　　　(b) P 型霍尔元件

图 26-1　霍尔效应原理

霍尔电势差是这样产生的：当电流 I_H 通过霍尔元件（假设为 P 型）时，空穴有一定的漂移速度 v，垂直磁场对运动电荷产生一个洛伦兹力：

$$\vec{F}_B = q \cdot (\vec{v} \times \vec{B}) \tag{26-1}$$

式中 q 为电子电荷，洛伦兹力使电荷产生横向的偏转，由于样品有边界，所以偏转的载流子将在边界积累起来，产生一个横向电场 E，直到电场对载流子的作用力 $F_E = q \cdot E$ 与磁场作用的洛伦兹力相抵消为止，即

$$q \cdot (\bar{v} \times \bar{B}) = q \cdot \bar{E} \tag{26-2}$$

这时电荷在样品中流动时不再偏转，霍尔电势差就是由这个电场建立起来的。

如果是 N 型样品，则横向电场与前者相反，所以 N 型样品和 P 型样品的霍尔电势差有不同的符号，据此可以判断霍尔元件的导电类型。

设 P 型样品的载流子浓度为 n，宽度为 w，厚度为 d，通过样品电流 $I_S = n \cdot q \cdot v \cdot w \cdot d$，则空穴的速度 $v = I_S / (n \cdot q \cdot w \cdot d)$，代入（26-2）式有

$$E = |v \times B| = \frac{I_S \cdot B}{n \cdot q \cdot w \cdot d} \tag{26-3}$$

上式两边各乘以 w，便得到

$$V_H = E \cdot w = \frac{I_S \cdot B}{n \cdot q \cdot d} = R_H \cdot \frac{I_S \cdot B}{d} \tag{26-4}$$

其中 $R_H = \dfrac{1}{n \cdot q}$ 称为霍尔系数，在应用中一般写成

$$V_H = K_H \cdot I_S \cdot B \tag{26-5}$$

$K_H = R_H / d = 1/(n \cdot q \cdot d)$ 称为霍尔元件的灵敏度，单位为 $mV/(mA \cdot T)$。

于是磁感应强度：

$$B = \frac{V_H}{K_H \cdot I_S} \tag{26-6}$$

一般要求 K_H 愈大愈好。K_H 与载流子浓度 n 成反比，半导体内载流子浓度远比金属载流子浓度小，所以都用半导体材料作为霍尔元件，K_H 与材料片厚 d 成反比，因此霍尔元件都做得很薄，一般只有 0.2mm 厚（甚至只有十几微米厚）。

由式（26-5）可以看出，知道了霍尔片的灵敏度 K_H，只要分别测出霍尔电流 I_S 及霍尔电势差 V_H 就可以算出磁场 B 的大小，这就是霍尔效应测量磁场的原理。

因此，根据霍尔电流 I_S 和磁场 B 的方向，实验测出霍尔电压的正负，由此确定霍尔系数的正负，即判定载流子的正负，是研究半导体材料的重要方法。对于 N 型半导体的霍尔元件，则导电载流子为电子，霍尔系数和灵敏度为负；反之，对于 P 型半导体的霍尔元件，则导电载流子为空穴，霍尔系数和灵敏度为正。

2. 霍尔元件的副效应及消除副效应的方法

一般霍尔元件有四根引线，两根为输入霍尔元件电流的"电流输入端"，接在可调的电源回路内；另两根为霍尔元件的"霍尔电压输出端"，接到数字电压表上。虽然从理论上霍尔元件在无磁场作用时（$B = 0$ 时），$V_H = 0$，但是实际情况用数字电压表测并不为零，该电势差称为剩余电压。

这是由于半导体材料电极不对称、结晶不均匀及热磁效应等多种因素引起的电势差。具体如下：

（1）不等势电压降 V_0。

霍尔元件在不加磁场的情况下通以电流，理论上霍尔片的两电压引线间应不

存在电势差。实际上由于霍尔片本身不均匀，性能上稍有差异，加上霍尔片两电压引线不在同一等位面上，因此即使不加磁场，只要霍尔片上通以电流，则两电压引线间就有一个电势差V_0。V_0的方向与电流的方向有关，与磁场的方向无关。V_0的大小和霍尔电势V_H同数量级或更大。在所有附加电势中居首位。

（2）爱廷豪森效应（Etinghausen）。

当放在磁场B中的霍尔片通以电流I以后，由于载流子迁移速度的不同，载流子所受到的洛仑兹力也不相等。因此，作圆周运动的轨道半径也不相等。速率较大的载流子将沿半径较大的圆轨道运动，而速率小的载流子将沿半径较小的轨道运动。从而导致霍尔片一面出现快载流子多，温度高；另一面慢载流子多，温度低。两端面之间由于温度差，于是出现温差电势V_E。V_E的大小与I、B乘积成正比，方向随I、B换向而改变。

（3）能斯托效应（Nernst）。

由于霍尔元件的电流引出线焊点的接触电阻不同，通以电流I以后，因帕尔贴效应，一端吸热，温度升高；另一端放热，温度降低。于是出现温度差，样品周围温度不均匀也会引起温差，从而引起热扩散电流。当加入磁场后会出现电势梯度，从而引起附加电势V_N、V_N的方向与磁场的方向有关，与电流的方向无关。

（4）里纪－勒杜克效应（Righi-Leduc）。

上述热扩散电流的载流子迁移速率不尽相同，在霍尔元件放入磁场后，电压引线间同样会出现温度梯度，从而引起附加电势V_{RL}。V_{RL}的方向与磁场的方向有关，与电流方向无关。

在霍尔元件实际应用中，一般用零磁场时采用电压补偿法消除霍尔元件的剩余电压。

在实验测量时，为了消除副效应的影响，分别改变I_S的方向和B的方向，记下四组电势差数据（K_1、K_2换向开关向上为正）

当I_S正向、B正向时：$V_1 = V_H + V_0 + V_E + V_N + V_{RL}$

当I_S负向、B正向时：$V_2 = -V_H - V_0 - V_E + V_N + V_{RL}$

当I_S负向、B负向时：$V_3 = V_H - V_0 + V_E - V_N - V_{RL}$

当I_S正向、B负向时：$V_4 = -V_H + V_0 - V_E - V_N - V_{RL}$

作运算$V_1 - V_2 + V_3 - V_4$，并取平均值，得

$$\frac{1}{4}(V_1 - V_2 + V_3 - V_4) = V_H + V_E$$

由于V_E和V_H始终方向相同，所以换向法不能消除它，但$V_E << V_H$，故可以忽略不计，于是

$$V_H = \frac{1}{4}(V_1 - V_2 + V_3 - V_4) \tag{26-7}$$

温度差的建立需要较长时间，因此，如果采用交流电使它来不及建立就可以减小测量误差。

3. 长直通电螺线管中心点磁感应强度理论值

根据电磁学毕奥－萨伐尔（Biot-Savart）定律，长直通电螺线管轴线上中心点的磁感应强度为

$$B_{中心} = \frac{\mu \cdot N \cdot I_M}{\sqrt{L^2 + D^2}} \tag{26-8}$$

螺线管轴线上两端面上的磁感应强度为

$$B_{端} = \frac{1}{2} B_{中心} = \frac{1}{2} \cdot \frac{\mu \cdot N \cdot I_M}{\sqrt{L^2 + D^2}} \tag{26-9}$$

式中，μ 为磁介质的磁导率，真空中 $\mu_0 = 4\pi \times 10^{-7}$（$\text{T} \cdot \text{m/A}$），$N$ 为螺线管的总匝数，I_M 为螺线管的励磁电流，L 为螺线管的长度，D 为螺线管的平均直径。

【仪器介绍】

FB400 型螺线管磁场测定仪及螺线管实验装置，如图 26-2 所示。

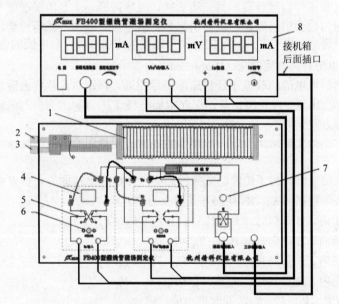

1－螺线管线圈；2－霍尔传感器垂直调节；3－霍尔传感器水平调节；4－信号转换继电器；5－信号转换指示灯；6－信号转换按钮；7－励磁电流换向开关；8－FB400 型螺线管磁场测定仪

图 26-2 FB400 型螺线管磁场测定仪及螺线管实验装置

1. 基本参数

（1）额定工作电流：5mA（最大值，应尽量不用）；

（2）输入电阻：700Ω 左右；

（3）输出电阻：1000Ω 左右；

（4）磁场测量范围：0～100mT；

（5）线性误差：<±0.5%；

（6）温度误差，零点飘移<±0.06%/°C。

2．螺线管参数

（1）螺线管长度：$L = 260mm$，螺线管内径 $D_内 = 25mm$，外径 $D_外 = 45mm$。

（2）螺线管层数 10 层，螺线管总匝数 $N = 2550±10$ 匝。

（3）螺线管轴线中心最大均匀磁场>12mT。

3．FB400 型螺线管磁场测定仪

（1）数字直流恒流源 1：输出电流 0~1000mA 连续可调，三位半数字显示，最小分辨率为 1mA。

（2）数字直流恒流源 2：输出电流 0~5.0mA 连续可调，三位半数字显示，最小分辨率为 0.01mA。

（3）数字电压表量程：测量 $V\sigma$ 时 0～1999mV，测量 V_H 时 0～19.99mV。三位半数字显示（功能转换时自动切换）。

【仪器使用说明】

FB400 型螺线管磁场测定仪供电电压单相 AC220V，50Hz。电源插座和信号控插座装在机箱背面。电源插座内装有 1A 保险丝管两只（一只备用）。

测定仪面板从左到右分为三个部分，左面为数字直流恒流源Ⅰ，由精密多圈电位器调节输出电流，调节精度 1mA，电流由三位半数字表显示，最大输出电流为 1000mA。中间为三位半电压表，量程分别为：0～1999mV 和 0～19.99mV。右面是数字直流恒流源Ⅱ，同样由精密多圈电位器调节输出电流，调节精度 0.01mA，电流由三位半数字表显示，最大输出电流为 5.0mA。

继电器的电原理如图 26-3 所示。当继电器线包不加控制电压时，动触点与常闭端相连接；当继电器线包加上控制电压时，动触点与常开端连接。

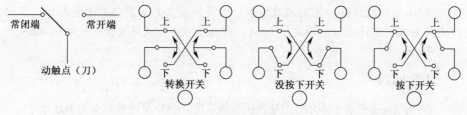

图 26-3　继电器工作示意图

螺线管实验装置中，使用了三个双刀双向继电器组成三个换向开关，换向由按钮开关控制。当未按下转换开关时，继电器线包不加电，常闭触点连接；按下按钮开关时，继电器吸合，常开触点相连接，实现连接线的转换。由此，通过按下、释放转换开关，实现与继电器相连的电路的换向功能。

【注意事项】

（1）实验测量时，应仔细检查，不要长时间使线路处于接错状态。

（2）实验结束时应先关闭电源，再拆除接线。

（3）为保证实验质量，仪器应预热 10 分钟稳定后开始测量数据。

【实验内容】

如图 26-2 所示，用专用连接线把 FB400 型螺线管磁场测定仪和螺线管实验装置接好，接通交流市电：

（1）把测量探头置于螺线管轴线中心，即 13.0cm 刻度处，调节恒流源 II，使 $I_S=\pm2.00mA$，按下 V_H/V_σ，即测 V_H，依次调节励磁电流为 $I_M=0\sim\pm1000mA$，每次改变 $\pm100mA$，测量霍尔电压，并证明霍尔电势差与螺线管内磁感应强度成正比。

（2）放置测量探头于螺线管轴线中心，即 13.0cm 刻度处，固定励磁电流 $\pm1000mA$，工作电流为：$I_S=0\sim\pm4.00mA$，每次改变 $\pm0.50mA$，测量对应的霍尔电压，证明霍尔电势差与霍尔电流成正比。

（3）调节励磁电流为 500mA，调节霍尔电流为 2.00mA，测量螺线管轴线上刻度为 X=0.0～13.0cm，且移动步长为 1cm 各位置的霍尔电势（注意：根据仪器设计，这时候对应的两维尺水平移动刻度尺读数分别为 13.0cm 处为螺线管轴线中心，0.0cm 处为螺线管轴线端面）。找出霍尔电势值为螺线管中央一半的数值的刻度位置，按给出的霍尔灵敏度作磁场分布 B−X 图。

用螺线管中心点磁感应强度理论计算值，校准或测定霍尔传感器的灵敏度。

【注意事项】

（1）注意实验中霍尔元件不等位效应的观测，设法消除其对测量结果的影响。

（2）励磁线圈不宜长时间通电，否则线圈发热，会影响测量结果。

（3）霍尔元件有一定的温度系数，为了减少其自身发热对测量影响，实验时工作电流不允许超过其额定值 5mA，所以，为保证使用安全，一般取 4mA 作为上限。

【思考题】

1. 用简略图形表示霍尔效应法判断霍尔片是属于 N 型还是 P 型的半导体材料？

2. 用霍尔效应测量磁场过程中，为什么要保持 I_H 的大小不变？

3. 若螺线管在绕制时，单位长度的匝数不相同或绕制不均匀，在实验时会出现什么情况？绘制 B−X 分布图时，电磁学上的端面位置是否与螺线管几何端面重合？

4. 霍尔效应在科研中有何应用，试举几个实际例子说明？

【数据与结果】

（1）验证霍尔电势差与螺线管内磁感应强度成正比：霍尔工作电流 $I_S=\pm$
2.00mA。

表 26-1

I_M（mA）	V_{H1}（mV） I_S+，I_M+	V_{H2}（mV） I_S+，I_M-	V_{H3}（mV） I_S-，I_M+	V_{H4}（mV） I_S-，I_M-	$\bar{V}_H$（mV）
0					
100					
200					
300					
400					
500					
600					
700					
800					
900					
1000					

记录数据于表格中，按实验数据作 $V_H - I_M$ 关系曲线。求出线性关系方程式，并求出相关系数。

注：表格中 $\bar{V}_H = \dfrac{1}{4}(|V_{H1}| + |V_{H2}| + |V_{H3}| + |V_{H4}|)$，下同

（2）测量霍尔电势差与霍尔工作电流的关系。

螺线管励磁电流 $I_M = \pm 500\text{mA}$，霍尔传感器位于螺线管轴线中心 13.0cm 处。

表 26-2

I_S（mA）	V_{H1}（mV） $+I_S$，$+I_M$	V_{H2}（mV） $+I_S$，$-I_M$	V_{H3}（mV） $-I_S$，$+I_M$	V_{H4}（mV） $-I_S$，$-I_M$	$\bar{V}_H$（mV）
0.00					
0.50					
1.00					
1.50					
2.00					
2.50					
3.00					
3.50					

续表

I_S（mA）	V_{H1}（mV） $+I_S, +I_M$	V_{H2}（mV） $+I_S, -I_M$	V_{H3}（mV） $-I_S, +I_M$	V_{H4}（mV） $-I_S, -I_M$	$\bar{V}_H$（mV）
4.00					
4.50					
5.00					

记录数据于表格中，按实验数据作 $V_H - I_S$ 关系曲线。求出线性关系方程式，并求出相关系数。

（3）通电螺线管轴向磁场分布测量。

$I_S = \pm 4.00\text{mA}$ ， $I_M = \pm 500\text{mA}$ ， $K_H = 194\text{mV}/(\text{mA}\cdot\text{T})$ 。

表 26-3

X（cm）	V_{H1}（mV） $+I_S, +I_M$	V_{H2}（mV） $+I_S, -I_M$	V_{H3}（mV） $-I_S, +I_M$	V_{H4}（mV） $-I_S, -I_M$	$\bar{V}_H$（mV）	B（mT）
0.0						
1.0						
2.0						
3.0						
4.0						
5.0						
6.0						
7.0						
8.0						
9.0						
10.0						
11.0						
12.0						
13.0						

记录数据于表格中，按实验数据作 $V_H - X$ 关系曲线。